JN319784

高校数学でわかる統計学

本格的に理解するために

竹内　淳　著

ブルーバックス

装幀／芦澤泰偉・児崎雅淑
カバーイラスト・もくじ・章扉／中山康子
本文図版／さくら工芸社

はじめに

確率統計学は、今や理系、文系にかかわらず広い分野で必須の学問です。産業界では、工業製品の生産管理や商品の在庫管理などで必要とされており、経済学、社会学、心理学などのいわゆる文系の学問分野でも広く需要があります。今、本書を手にとっている多くの方々も、何らかの意味で統計学を学ぶ必要性を感じていることでしょう。

さて、そのように重要な確率統計学ですが、勉強を始めてみたものの、その数学の難しさに躓《つまず》いてしまった方も少なくないと思います。また、修得したつもりでも「本当に理解できているだろうか？」と自問自答してみると、小さくない疑問が浮かび上がる方もいらっしゃることでしょう。統計学を理解するための数学のレベルは、実はかなり高いのです。

本書は、これから統計学を学び始める方々や、一度統計学の学習を試みて躓いてしまった方々に、高校数学の知識だけで「本格的な統計学」を理解していただくための試みです。ところどころ数学のレベルが上がるところがありますが、紙とペンを用意して手計算で確かめていただくと、理解が容易になることでしょう。本書を読破して、「おわりに」までたどり着いたとき、統計学の知識に基づく新たな世界が見えてくることを期待しています。

それでは、統計学の旅に出発しましょう。

目　次

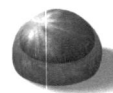

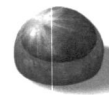

第1章

サイは投げられた！

——期待値と分散

■サイは投げられた！

紀元前49年、ローマ本国とその北の属州をへだてるルビコン川の北岸に、1個軍団の兵が集結していました。一つの戦場に少なくとも数個軍団を投入するのが普通のローマ軍にとって、1個軍団は最小の戦力でした。軍団を率いるのは、この年51歳の歴戦の将軍カエサルです。カエサルが、ガリア征服に出かけたのは9年前のことで、その天才的な頭脳によって現在のフランス全土に相当する地域を征服していました。

ローマの政治中枢である元老院は、カエサルの圧倒的な功績を認めながらも、一人の将軍に権力と軍事力が集中することを恐れました。そこで元老院は、カエサルに軍団を解いて単身でローマに帰還することを命じました。元老院の命令に従って単身で川を渡るか、あるいは命令を拒むのか、カエサルは決断を迫られました。

カエサルが単身でローマに乗り込めば、対立している元老院は彼を捕縛してその政治生命を奪うでしょう。川を渡らなければ追っ手が差し向けられるでしょう。では、軍団を率いて川を渡ればどうなるか？　これは明らかに血で血を洗う内戦になります。決断の時のカエサルの言葉は有名です。

「ここを越えれば、人間世界の悲惨。越えなければ、わが破滅」「進もう、神々の待つところへ、われわれを侮辱した敵の待つところへ、賽《さい》は投げられた！」（『ローマ人の物語IV』塩野七生著、新潮社）

カエサルの決断は、1個軍団を率いてルビコン川を渡ることでした。

このあまりにも有名な「サイは投げられた」は、当時からすでに広く使われていた言葉でした。サイコロを投げると、あとはどの目が出るかは運を天にまかせるだけです。このように、「ものごとがすでに始まってしまって、後戻りができないこと」を意味しています。あなたが本書の第1ページを読み始めたことも、統計学の理解への「サイは投げられた」を意味するのかもしれません。

■確率変数と確率分布

サイコロの歴史は古く、立方体で表と裏の数を足すと7になるサイコロはエジプトが起源のようです。サイコロは中国を経由して奈良時代のころに日本に入ってきました。時代劇で「丁《ちょう》半《はん》博打《ばくち》」などの映像を見ると、日本独自のもののように錯覚しがちですが、遠くエジプトから渡って来たのです。カエサルが口にした「サイ」も、エジプト起源のものです。

確率について考える場合、このサイコロは最も身近な教材の一つです。サイコロの特徴は言うまでもなく、6つの面がほぼ同じ確率で出ることです。1から6の目までが同じ確率で出なければ、サイコロとしての機能は果たせません。この「どの目もほぼ同じ確率で出る」という機能のゆえに、サイコロは占いや賭博やゲームに使われてきました。時代劇に出てくるイカサマ賭博では、重心の位置をかえて、丁か半かのどちらかが高い確率で出る細工をしたサイコロが使われていました。実際には、イカサマではない普通のサイコロの目にもわずかな偏りがあって、何十万回も振ると多少の差が出てきますが、本書では、その確率は同じであると考えることにしましょう。

サイコロの目は言うまでもなく次の6つです。

$$1 \quad 2 \quad 3 \quad 4 \quad 5 \quad 6$$

サイコロを振ると、このどれかの目が必ず出ます。確率論では、サイコロを振ることを**試行**、その結果を**事象**、出た目を**確率変数**と呼びます。このサイコロの目は「飛び飛びの値」しかとりません。このような場合を**離散的な確率変数**と呼びます。この確率変数を記号x_iで表すことにしましょう。添え字のiは、サイコロの目が6つあるので、1から6の整数をふることにします。よって、サイコロの目を表す確率変数は

$$x_1 = 1,\ \ x_2 = 2,\ \ x_3 = 3,\ \ x_4 = 4,\ \ x_5 = 5,\ \ x_6 = 6$$

です。この6個の確率変数をまとめて呼ぶときは、大文字を使ってXで表すことにします。確率変数Xと書いてあれば、実際の変数は先ほどの6つの値をとりうるということです。

ちなみにこのサイコロの目の場合は、

$$x_i = i$$

が成り立っていますが、成り立たない場合もあります。例えば、何も書かれていない立方体の各面に、2, 4, 6, 8, 10, 12と数字を書き込んでサイコロを自作したとすると、

$$x_1 = 2,\ x_2 = 4,\ x_3 = 6,\ x_4 = 8,\ x_5 = 10,\ x_6 = 12$$

となって、$x_i = i$ではなくなります。

サイコロのそれぞれの目が出る確率は$\frac{1}{6}$ですが、この確率を表す記号としてp_iを使うことにしましょう。pは確率を意味する英語のprobability（プロバビリティ）からとりました。また、添え字のiの役割は先ほどと同じで、1の目が出る確率はp_1で、2の目が出る確率はp_2です。この場合は、それぞれの確率は$\frac{1}{6}$なので、

$$p_1 = p_2 = p_3 = p_4 = p_5 = p_6 = \frac{1}{6}$$

となります。また、

$$\sum_{i=1}^{6} p_i = p_1 + p_2 + p_3 + p_4 + p_5 + p_6 = 1 \qquad (1\text{-}1)$$

も成り立っています。この6つの目が出る確率は合計で1（＝100%）であるというわけです。このp_1からp_6までの集合を$\{p_k\}$と書くことにすると、これを**確率分布**と呼びます。

サイコロの目の6つの値は、サイコロの目がとりうるすべての値なのでこれを**母集団**と呼びます。一方、サイコロを投げて出た実際の値は**標本**と呼びます。例えば、サイコロを3回続けて投げたときに出た値が、3，5，2だったとすると、このそれぞれは標本であり、この3つからなる集団を**標本集団**と呼びます。また、標本の個数を**標本の大きさ**と呼びます。この場合、標本の大きさは3です。

■期待値

このサイコロの目の値x_iと、その目の確率p_iをかけた値をすべて足したものを**期待値**と呼びます。期待値の記号には通常Eを使いますが、これは期待値を表す英語expectation（エクスペクテイション）からとったものです。確率変数Xの期待値は$E(X)$で表します。サイコロの目の場合は、期待値を記号で書くと

$$E(X) = \mu \equiv \sum_{i=1}^{6} x_i p_i \qquad (1\text{-}2)$$

であり（≡は「定義する」を意味します）、実際に数値を入れると

$$
\begin{aligned}
&= 1p_1 + 2p_2 + 3p_3 + 4p_4 + 5p_5 + 6p_6 \\
&= (1+2+3+4+5+6) \times \frac{1}{6} \\
&= \frac{21}{6} \\
&= 3.5
\end{aligned}
$$

となります。よって、期待値は3.5です。この式のように1から6までを足して個数6で割っているので、これは**平均**でもあります。つまり、「**期待値＝平均**」です。平均は英語でmean（ミーン）というので、ギリシア文字で英語のmに対応するμ（ミュー）が母集団の平均の記号としてよく使われます。また、標本集団の平均は$\overline{X}$（エックスバー）のようにバーを上に付けます。

確率変数Xをa倍した場合の期待値も計算してみましょう。

$$
\begin{aligned}
E(aX) &= \sum_i a x_i p_i \\
&= a \sum_i x_i p_i \\
&= aE(X) \qquad (1\text{-}3)
\end{aligned}
$$

となります。この関係は期待値の計算で役に立つので覚えておきましょう（記号$\sum_i$は、iについてすべての場合の数の和をとることを表します）。

■期待値とギャンブル

期待値はサイコロより宝くじについて考えると、もっとわかりやすいかもしれません。お金がからむといっそう真剣になる方もいらっしゃることでしょう。ここでは、1枚300円で1万枚販売される宝くじが2種類あったとします。ただし、当たりくじは違っていて、一方は

100万円が1枚だけ

で、もう一方は

300円が1枚だけ

だったとしましょう。どちらも1万枚の中に当たりは1枚です。この場合、どちらの宝くじも当たる確率は1万分の1です。どちらを買うのが得でしょうか。言うまでもなく直感的に100万円が当たる宝くじの方が得だとわかると思います。

では、これを数字で表すにはどうすればよいのでしょうか。こういう場合に期待値が役に立ちます。期待値は、(1-2) 式で表されるので、宝くじの場合は、「当たったときの金額」に確率をかけます。前者の場合の期待値は、

$$1000000\text{円} \times \frac{1}{10000} = 100\text{円}$$

であるのに対して、後者の期待値は

$$300円 \times \frac{1}{10000} = 0.03円$$

となり、「前者の宝くじを買う方が有利であること」が期待値によってわかります。また、「期待値＝平均」なので、宝くじが全部売れたとして、前者の場合に客に還元されるのは、１枚あたり平均で100円であることがわかります。

普通の宝くじの期待値はどれぐらいなのでしょうか？額面300円の宝くじで期待値が300円を超えると販売元（都道府県や政令指定都市）が赤字になるので、当然期待値は300円未満です。また、宝くじの収益は公共のために使われます。したがって、収益は大きい方が販売元にとって望ましいでしょう。その意味では期待値が300円からずっと安くなるほど、１枚あたりの収益は大きくなります。一方、客の立場に立つと、額面に比べて期待値の低い宝くじは魅力が少ないので、期待値を下げるほど売り上げ枚数は落ちるでしょう。ということで、

売り上げ枚数×（１枚あたりの）収益

のかけ算が最大になる期待値が、販売元にとっての最適値であるということになります。

実際の宝くじの期待値は、１枚の額面の半分程度のようです。期待値が額面の半分程度だとすると、宝くじに期待して大金をかけるのは無謀だということがわかります。無謀の程度はどの程度かというと、「購入金額の半分は返っ

てこない」ということです。確率論には、後で紹介する「大数《たいすう》の法則」があり、宝くじを買う枚数を増やすほど、当たる額は期待値に近づいていきます。2億円分の宝くじを買うと、ほぼ1億円が当たるということになり、1億円は損になります。宝くじ以外の公営ギャンブルの期待値も、当然ながら額面より小さくなります。

では実際に1億円の宝くじが当たった人は2億円分の宝くじを買ったかというと、そうではなく、数千円分とか数万円分の投資しかしていない場合がほとんどでしょう。宝くじを買う人のほとんどは期待値より小さい金額しか当たらず、少数の人だけが期待値よりはるかに大きな金額が当たるという構造になっています。確率はとても小さいけれども、期待値よりはるかに高い金額が当たる可能性があることが魅力です。したがって、この性質を理解したうえで、少額の宝くじを夢を持って買うのが、クレバーなように思えます。

人生の岐路においては、サイコロや宝くじとは違って、期待値が簡単には計算できない事態に遭遇することもあります。紀元前49年にルビコン川の北岸に佇《たたず》んだカエサルの場合がそうでした。「サイは投げられた」と叫んだカエサルは、わずか1個軍団を率いて川を越え、ローマに向かって進撃しました。カエサルの前途には、また、ルビコン川の北岸のときのような決断の時が迫るのですが、その先の展開は、『ローマ人の物語』（塩野七生著）などの書物に任せることにしましょう。本書では数学を使って計算できる確率と統計の世界を追うことにします。

■分布

確率を考える際に重要なものに、**分布**があります。分布とは、確率の広がり方を表す言葉です。例えば、サイコロの場合は1から6が各々$\frac{1}{6}$の確率で出るので、グラフにすると図1-1のようになります。このように確率が同じ分布を**一様分布**と呼びます。この場合の期待値は、(1-2) 式で求めたように3.5です。グラフを見ると、この一様分布の中心が3と4の中間の3.5であることがわかります。このようにグラフが左右対称の場合には、平均はグラフの横軸の真ん中の値になります。

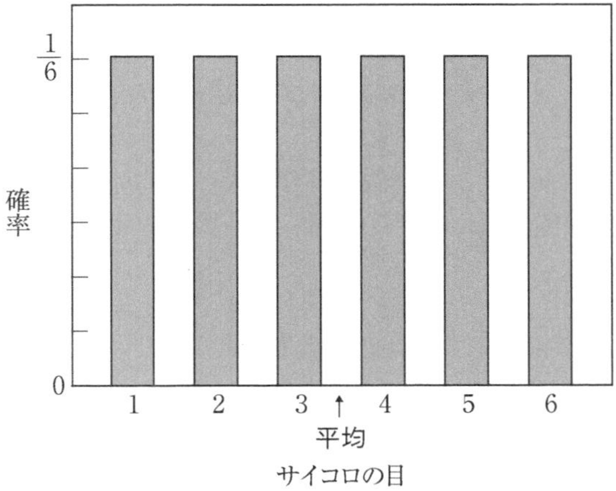

図1-1　サイコロの目の確率　一様分布の例

次に、サイコロを2つ投げて出た目の足し算を考えることにしましょう。合計の目は、1＋1の2から、6＋6の12まであります。この分布は先ほどとは違って、一様分布で

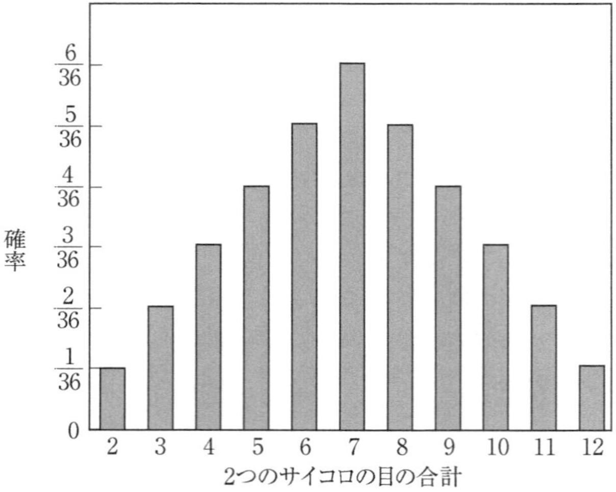

図1-2　2つのサイコロの目の和の分布

はなくなります。全部の場合の数は、6×6の36通りですが、このうち例えば合計が10になる場合は、

4 + 6

6 + 4

5 + 5

の3通りあります。それぞれの確率は、$\frac{1}{6}\times\frac{1}{6}$なので、これが3種類あることから

$$\frac{1}{6}\times\frac{1}{6}\times3=\frac{3}{36}=\frac{1}{12}$$

となります。これをグラフにすると図1-2になります。

ご覧のように一様分布ではありません。

この場合の期待値（＝平均）が7であることは、計算しなくてもグラフを見ればわかります。というのは、分布は左右対称なので、先ほどと同じくグラフの中心の値が平均になります。

■分散

分布の例を2つほど見ましたが、分布には、平均値を中心にして広く広がっているものもあれば、狭いものもあります。平均の値が同じでも、この広がり具合が大きいものと小さいものでは分布の中身は相当異なります。この「分布の広がり」は統計を表す重要な量で、これを**分散**と呼びます。

分散は英語でvariance（ヴァリアンス）なので、本書では分散の記号にVを使います。この分散にどのような数式を使えばよいか考えてみましょう。平均値μからのずれは$x_i-\mu$ですが、平均値から右にずれてもあるいは左にずれても、同じようにずれを表現させるためには、たんなる差ではなく、差の2乗か絶対値である方が望ましいでしょう。なぜなら、たんなる差の場合の式は

$$\sum_i (x_i-\mu)p_i$$

ですが、これだと、図1-1や図1-2のような左右対称の分布の場合には、分布の幅が広くても、あるいは狭くても「足すとゼロ」になってしまいます。したがって、絶対値

か2乗を使う方が望ましいということがわかります。

というわけで、平均μからのずれの2乗である$(x_i-\mu)^2$を使うことにすると、確率変数Xの分散$V(X)$は次式で定義されることになります。

$$
\begin{aligned}
V(X) &\equiv E[(X-\mu)^2] \\
&= \sum_i (x_i-\mu)^2 p_i \qquad (1\text{-}4)
\end{aligned}
$$

右辺の1行目の期待値の記号は、2行目の式のように、[ ]の中の項に確率p_iをかけて和をとることを意味します。

この分散の式はさらに展開できます。(1-4) 式の右辺を展開すると

$$
\begin{aligned}
V(X) &= \sum_i (x_i^2 - 2x_i\mu + \mu^2) p_i \\
&= \sum_i x_i^2 p_i - 2\mu \sum_i x_i p_i + \mu^2 \sum_i p_i
\end{aligned}
$$

となります。ここで、確率の和が1になる (1-1) 式の関係と期待値を表す (1-2) 式使うと

$$
\begin{aligned}
&= \sum_i x_i^2 p_i - 2\mu^2 + \mu^2 \\
&= \sum_i x_i^2 p_i - \mu^2 \\
&= E(X^2) - [E(X)]^2
\end{aligned}
$$

となります。よって、

$$V(X)=E(X^2)-E^2(X) \tag{1-5}$$

となります（ここで、$E^2(X)\equiv[E(X)]^2$です）。左辺の分散が、右辺の2種類の期待値から求められるというこの式は、分散を求める際にしばしば使われるので覚えておくと便利です。

試しにこの（1-5）式を使って、先ほどのサイコロの目の場合を計算してみましょう。まず、サイコロ1個だけの一様分布の場合です。$E(X)=3.5$であることは先ほど求めたので、あとは$E(X^2)$を求めれば（1-5）式から分散が求められます。その$E(X^2)$を計算してみると、x_i^2はそれぞれの目の2乗なので1^2, 2^2, 3^2, 4^2, 5^2, 6^2であり、確率p_iは$\frac{1}{6}$なので、あとは期待値の定義式である（1-2）式にこれらを代入して、

$$\begin{aligned}
E(X^2)&=\sum_{i=1} x_i^2 p_i \\
&=1^2\times\frac{1}{6}+2^2\times\frac{1}{6}+3^2\times\frac{1}{6}+4^2\times\frac{1}{6}+5^2\times\frac{1}{6}+6^2\times\frac{1}{6} \\
&=(1+4+9+16+25+36)\times\frac{1}{6} \\
&=\frac{91}{6}
\end{aligned}$$

となります。よって、（1-5）式から

$$
\begin{aligned}
V(X) &= E(X^2) - E^2(X) \\
&= \frac{91}{6} - 3.5^2 \\
&= \frac{35}{12} \approx 2.92 \qquad (1\text{-}6)
\end{aligned}
$$

となります。これは（1-4）式を計算するよりは楽なのです。

次に、先ほどのサイコロ2個の目の和の場合も計算してみましょう。$E(X)=7$であることは先ほど求めました。$E(X^2)$を計算してみると、

$$
\begin{aligned}
E(X^2) &= \sum_{i=1} x_i^2 p_i \\
&= 2^2 \times \frac{1}{36} + 3^2 \times \frac{2}{36} + 4^2 \times \frac{3}{36} + 5^2 \times \frac{4}{36} + 6^2 \times \frac{5}{36} + 7^2 \times \frac{6}{36} \\
&\qquad + 8^2 \times \frac{5}{36} + 9^2 \times \frac{4}{36} + 10^2 \times \frac{3}{36} + 11^2 \times \frac{2}{36} + 12^2 \times \frac{1}{36} \\
&= \frac{4}{36} + \frac{18}{36} + \frac{48}{36} + \frac{100}{36} + \frac{180}{36} + \frac{294}{36} + \frac{320}{36} + \frac{324}{36} + \frac{300}{36} + \frac{242}{36} + \frac{144}{36} \\
&= \frac{1974}{36} = \frac{329}{6}
\end{aligned}
$$

となるので、（1-5）式から

$$
\begin{aligned}
V(X) &= E(X^2) - E^2(X) \\
&= \frac{329}{6} - 7^2 \\
&= \frac{35}{6} \approx 5.83
\end{aligned}
$$

となります。

分散は、ずれの2乗である$(x_i-\mu)^2$の和なので、x_iとは、単位が異なります。そこで、x_iと同じ単位に戻した$\sqrt{V(X)}$も分布の広がりを表す量としてよく使われます。これは、**標準偏差**と呼ばれます。英語では、standard deviation（スタンダード　ディービエイション）です。母集団の標準偏差を表す記号にはsのギリシア文字であるσ（シグマ）がよく使われます。

$$
\sigma \equiv \sqrt{V(X)}, \quad \therefore \sigma^2 = V(X) \tag{1-7}
$$

また、標本集団の標準偏差を表す記号にはSがよく使われます。この分散と標準偏差は、「平均のまわりにどの程度分布が広がっているか」を表す重要な指標で、分布を比較したり、（本書の後半で）仮説を統計的に検証したりする場合の「鍵」になります。しっかりと記憶に留めておきましょう。

さて本章では、平均と分散という確率にとって最も重要な量を理解しました。また、分布にも触れました。次章では、確率変数が2つある場合を見てみましょう。

統計学は世界を予測するか？

統計学が社会の様々なところで役立っていることは明らかです。縁の下の力持ち的なところから、もっと華々しいところまで活躍の場は広がっています。華々しい一例は、統計学を重視するフランスの社会学者のエマニュエル・トッドです。トッドは、1960年代に減少傾向にあったソビエト連邦の乳児死亡率が、1971年から増加に転じ、それが5年間にわたって増えていることに注目しました。そして1976年に、大胆にもソビエト連邦の崩壊を予測しました。乳児は社会の弱者であり、その死亡率が増加するということは、表面的にどのように取り繕っていようと社会の弱体化を表すとトッドは考えたのです。皮肉なことに1976年のトッドの説の発表後から、ソ連の乳児死亡率は再びゆるやかな減少に転じました。しかし、ソ連は1991年に崩壊しました。

トッドはまた、識字率が上がると少子化と自由化が起こると予測しました。彼の論によるとイスラム諸国もまた識字率の向上によって同じ傾向にあり、やがては自由化されるというのです。また、アメリカが経済的に弱体化しつつあることも示しました。2003年から始まったイラク戦争において、フランスとドイツがアメリカに非協力的であったのはトッドのこの説が影響したためとも言われています。2010年にチュニジアで始まったジャスミン革命はアラブ諸国に伝搬し、アラブの自由化は彼の予言に従っているかのようです。

トッドはまた、これまで核兵器を持つ国々の間では戦争が起こっていないので、全ての国が核兵器を持てば世界は平和になるとも言っています。筆者としてはこの論だけはいただけません。核の均衡による平和は不安定な均衡の上に成り立っているからです。「最初の（そして最後の）核戦争が起こるまでは平和である」というのは正しいでしょう。恐ろしいのは、偶発核戦争は突然始まる可能性があることです。１983年にソ連の防空システムは、アメリカから発射された複数の核ミサイルをとらえました。ソ連の戦略ロケット軍の責任者だったペトロフ中佐は個人の判断でそれをシステムの誤動作と断定しました。おかげで報復の核ミサイルは発射されず、世界は滅びずにすみました。中佐がどうして誤動作と判断したかというと、アメリカが全面核戦争をしかけてきたのであれば、数発の核ミサイルではなく、数百発の核ミサイルを撃つはずだと考えたからでした。

第2章

2つの確率変数
——独立と共分散

■確率変数が2つある場合

前章では、確率変数は1つでした。本章では確率変数が2つある場合を考えてみましょう。前章で2つのサイコロの目の和を考えた場合は、和を1つの確率変数Xで表しました。ここでは、サイコロに番号を付けて、サイコロ1の目を確率変数Xで表し、サイコロ2の目を確率変数Yで表すことにしましょう。このサイコロ1の目とサイコロ2の目の間には、1の目によって2の目が影響を受けるというような関係や2の目によって1の目が影響を受けるというような関係は何もありません。例えば、サイコロ1の目が1のときに、サイコロ2の目は1から6のどれでもとれます。このような場合を**無相関**と呼び、確率変数XとYは**独立**であると言います。

これに対して、サイコロ1の表の目を確率変数Xで表

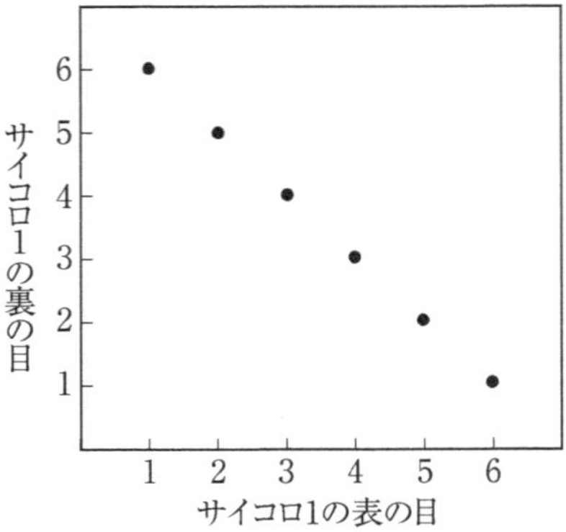

図2-1　サイコロ1の表の目と裏の目の関係（相関がある場合）

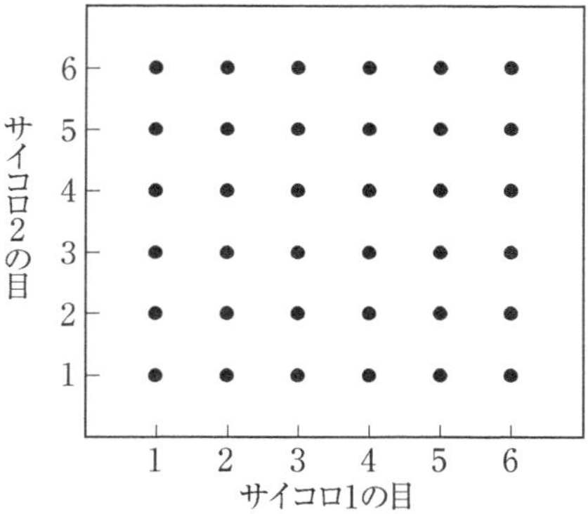

図2-2　サイコロ1と2を同時に投げて出る目（無相関の場合）

し、サイコロ1の裏の目を確率変数Yで表す場合には、XとYの間には「相関がある」ことになります。なぜなら、サイコロは表と裏の目の和が7になるように作られているからです。したがって、表の目が1なら裏は6であり、表が3であれば裏は4です。表の目によって裏の目が影響を受けるわけです。

図2-1は、サイコロ1の表の目と裏の目の関係を表しています。一方、図2-2はサイコロ1と2を同時に投げて出る目を表しています。図2-1では、点が1つの直線状に並んで2つのサイコロの目には1対1の関係があることがわかりますが、図2-2では1対1の関係はないことがわかります。

サイコロの目の数をiで表すことにして、確率変数Xがiになる確率を$p_X(i)$で表すことにしましょう。例えば、サイコロ1の表の目を確率変数Xで表すとすると、目が3になる確率は記号$p_X(3)$で表します。また、同様に確率変数Yの確率を$p_Y(i)$で表すことにします。図2-1と図2-2の場合では、それぞれのサイコロの目が出る確率は$\frac{1}{6}$です。よって、両方の場合で次の2つの式が成り立ちます。

$$p_X(1)=p_X(2)=p_X(3)=p_X(4)=p_X(5)=p_X(6)=\frac{1}{6} \quad (2\text{-}1)$$

$$p_Y(1)=p_Y(2)=p_Y(3)=p_Y(4)=p_Y(5)=p_Y(6)=\frac{1}{6} \quad (2\text{-}2)$$

次に、サイコロの目に関わる確率変数がXとYの2つあり、この両方が関わる確率を$p_{XY}(i, j)$と書くことにしましょう。iはXの目でjはYの目です。例えば、Xの目が3でYの目が6なら$p_{XY}(3, 6)$と書くわけです。

このとき図2-2の無相関の場合には、この$p_{XY}(i, j)$と$p_X(i)$、$p_Y(j)$の間に

$$p_{XY}(i, j)=p_X(i)p_Y(j) \quad (2\text{-}3)$$

という関係が成り立つことが（直感的に）わかります。それぞれのサイコロの目が出る確率は$\frac{1}{6}$でありXとYは独立なので、例えばサイコロ1の目が3でサイコロ2の目が6である確率$p_{XY}(3, 6)$は、

$$\begin{aligned} p_{XY}(3, 6) &= p_X(3)p_Y(6) \\ &= \frac{1}{6}\times\frac{1}{6}=\frac{1}{36} \end{aligned}$$

になるわけです。

一方、図2-1の場合は、(2-1) 式と (2-2) 式は同じく成り立ちますが、XとYは独立ではありません。例えば、Xが3のときは必ずYが4になるので、この確率$p_{XY}(3, 4)$は$\frac{1}{6}$であり、

$$\frac{1}{6}=p_{XY}(i, j)\neq p_X(i)p_Y(j)=\frac{1}{36}$$

という関係になります。$p_{XY}(i, j)$と$p_X(i)p_Y(j)$の値は異なるので、(2-3) 式は成り立たないわけです。このように (2-3) 式が成り立つかどうかが、独立か独立でないかを決めます。

なお、独立な場合には$p_{XY}(i, j)$には次の関係が成り立ちます。

$$\sum_{i=1}^{6}\sum_{j=1}^{6}p_{XY}(i, j)=1$$

すべての確率の和は100%になるというわけです。

また、もともとサイコロ1と2のそれぞれの目には (1-1) 式の

$$\sum_{i=1}^{6}p_X(i)=1,\quad \sum_{j=1}^{6}p_Y(j)=1$$

という関係が成り立っています。こちらもすべての確率の和は100%です。

■平均と分散の加法性

前章で、サイコロ1個の場合は図1-1の一様分布となり、2個の場合は図1-2のような山型の分布になりました。それぞれの期待値と分散も実際に計算してみました。これらの期待値と分散を比べてみて何か気づくことはないでしょうか。数字を並べてみましょう。

サイコロ１個		サイコロ２個の和	
期待値	3.5	期待値	7
分散	$\frac{35}{12}$	分散	$\frac{35}{6}$

そうです。

「2個の和」の期待値＝「1個」の期待値＋「1個」の期待値

が成り立ち、

「2個の和」の分散＝「1個」の分散＋「1個」の分散

が成り立っているのです。この足し算の関係をそれぞれ、

期待値の加法性　と　分散の加法性

と呼びます。このうち、分散の加法性が成立するのは、サイコロ1の目とサイコロ2の目のような独立な場合に限られます。一方、期待値の加法性は独立でなくても成り立ちます。これらの関係は、数式で追いかけると別に不思議な関係ではないことがわかるので、計算してみましょう。

まず、期待値の加法性です。

$$E(X)+E(Y)=\sum_i x_i p_i+\sum_j y_j p_j$$

ここで（1-1）式 $\sum_i p_i=1$，$\sum_j p_j=1$ の関係を使うと

$$=\sum_i x_i p_i \sum_j p_j+\sum_i p_i \sum_j y_j p_j$$

iとjに関する和をまとめると

$$=\sum_i \sum_j (x_i p_i p_j+y_j p_i p_j)$$
$$=\sum_i \sum_j (x_i+y_j) p_i p_j$$

となります。最後の行は、和x_i+y_jに、それが起こる確率$p_i p_j$をかけて、起こりうるiとjのすべての場合の和をとったものです。期待値の定義式である（1-2）式と見比べると、これがx_i+y_jの期待値$E(X+Y)$を表していることがわかります。つまり、これは確率変数が2つある場合の期待値を表しています。よって、

$$E(X)+E(Y)=E(X+Y) \qquad (2\text{-}4)$$

となります。このように期待値に加法性が成り立っています。

証明は割愛しますが、XとYに係数k_1とk_2が付く場合は、同様に計算すると、次の式が成り立つことがわかります。

$$E(k_1X+k_2Y)=k_1E(X)+k_2E(Y) \qquad (2\text{-}5)$$

次に分散の加法性を計算してみましょう。XとYに係数k_1とk_2がつく場合の分散$V(k_1X+k_2Y)$を計算します。まず、(1-5) 式の$V(X)=E(X^2)-E^2(X)$を使うと

$$V(k_1X+k_2Y)=E[(k_1X+k_2Y)^2]-E^2(k_1X+k_2Y)$$
$$=E(k_1{}^2X^2+2k_1k_2XY+k_2{}^2Y^2)-E^2(k_1X+k_2Y)$$

となります。(2-5) 式を使って展開すると

$$=k_1{}^2E(X^2)+2k_1k_2E(XY)+k_2{}^2E(Y^2)-\{k_1E(X)+k_2E(Y)\}^2$$
$$=k_1{}^2E(X^2)+2k_1k_2E(XY)+k_2{}^2E(Y^2)$$
$$-k_1{}^2E^2(X)-2k_1k_2E(X)E(Y)-k_2{}^2E^2(Y)$$
$$=k_1{}^2E(X^2)-k_1{}^2E^2(X)+k_2{}^2E(Y^2)-k_2{}^2E^2(Y)$$
$$+2k_1k_2E(XY)-2k_1k_2E(X)E(Y)$$

となり、再び (1-5) 式を使うと

$$=k_1{}^2V(X)+k_2{}^2V(Y)+2k_1k_2\{E(XY)-E(X)E(Y)\}$$

となります。この右端の項の中の

$$E(XY)-E(X)E(Y) \qquad (2\text{-}6)$$

は、**共分散**という名前が付いている重要な量であり、この後（次節）で示すようにXとYが独立なときにはゼロになります。よって、独立な場合には、

$$V(k_1X+k_2Y)=k_1{}^2V(X)+k_2{}^2V(Y) \qquad (2\text{-}7)$$

が成り立ちます。ここで（2-7）式の右辺のk_1とk_2の項がともに2乗であることに注意しましょう。$k_1=k_2=1$の場合が、先ほどの2個のサイコロの目の和の場合の分散の加法性に対応します。

■独立な場合に共分散がゼロになること

前節で現れた「独立な場合に共分散がゼロになること」を確認しておきましょう。2つの独立な確率変数をXとYとするとき、その積XYの期待値$E(XY)$は次式で表されます。

$$E(XY)=\sum_i\sum_j x_i y_j p_i p_j \tag{2-8}$$

と言ってもこの式を眺めてもピンと来ないので、実際に数字を入れるとわかりやすいでしょう。例えば、図2-2の場合の期待値は、

$$\text{サイコロ1の目}\times\text{2の目}\times\text{確率}\frac{1}{6}\times\text{確率}\frac{1}{6}$$

をあらゆる場合について足すので、

$$=1\times1\times\frac{1}{6}\times\frac{1}{6}+1\times2\times\frac{1}{6}\times\frac{1}{6}+\cdots+6\times5\times\frac{1}{6}\times\frac{1}{6}+6\times6\times\frac{1}{6}\times\frac{1}{6}$$

となります。これは（2-8）式です。

ところが、独立でない場合は、この（2-8）式が成り立ちません。例えば図2-1の場合の期待値を、数字を入れて計算すると、

サイコロ1の表の目×裏の目×確率

をあらゆる場合（図2-1の6つの点）について足すので、

$$E(XY)=1\times6\times\frac{1}{6}+2\times5\times\frac{1}{6}+3\times4\times\frac{1}{6}+4\times3\times\frac{1}{6}+5\times2\times\frac{1}{6}+6\times1\times\frac{1}{6}$$
$$=1+\frac{5}{3}+2+2+\frac{5}{3}+1$$
$$=9\frac{1}{3}$$

となります。確率$\frac{1}{6}$は、各項に1回ずつしか入っていないわけですから、(2-8) 式は成り立っていません。

というわけで、独立な場合には、(2-8) 式が成り立ち、独立でない場合には、(2-8) 式が成り立たないと言えます。

さて、以上の関係を理解したうえで、(2-6) 式の共分散を見てみましょう。独立な場合は (2-8) 式が成り立つので、これを代入すると共分散は

$$E(XY)-E(X)E(Y)=\sum_i\sum_j x_i y_j p_i p_j-\sum_i x_i p_i \sum_j y_j p_j$$

となり、右辺の第1項の和はiとjで分離できるので

$$=\sum_i x_i p_i \sum_j y_j p_j-\sum_i x_i p_i \sum_j y_j p_j$$
$$=0$$

となりゼロになります。というわけで、「独立であれば共分散がゼロとなる」ことが確認できました（なお、「共分散がゼロであれば必ず独立である」とは言えないので、注意しましょう）。

■共分散とグラフの関係

共分散には他にも面白い関係があります。確率変数XとYの期待値$E(X)$と$E(Y)$をそれぞれμ_Xとμ_Yと書くことにしましょう。

$$E(X) \equiv \mu_X \quad と \quad E(Y) \equiv \mu_Y$$

です。すると、共分散を$E[(X-\mu_X)(Y-\mu_Y)]$と表せるのです。これを証明してみましょう。

$$E[(X-\mu_X)(Y-\mu_Y)] = E(XY - X\mu_Y - Y\mu_X + \mu_X\mu_Y)$$

（2-5）式の$E(k_1X + k_2Y) = k_1E(X) + k_2E(Y)$を使うと

$$= E(XY) - E(X\mu_Y) - E(Y\mu_X) + E(\mu_X\mu_Y)$$
$$= E(XY) - \mu_Y E(X) - \mu_X E(Y) + \mu_X\mu_Y$$

となり、先ほどのμ_Xとμ_Yの定義から

$$= E(XY) - E(X)E(Y) - E(X)E(Y) + E(X)E(Y)$$
$$= E(XY) - E(X)E(Y) \qquad (2\text{-}9)$$

となり証明終わりです。

共分散が、$E[(X-\mu_X)(Y-\mu_Y)]$と書けることがわかったので、この式を使って図2-1と図2-2の場合の共分散を

計算してみましょう。第1章で見たように、サイコロ1個の目の平均は3.5（$=\mu_X=\mu_Y$）です。

まず、図2-1の場合は、それぞれの目の出る確率は$\frac{1}{6}$なので

$$
\begin{aligned}
&E[(X-\mu_X)(Y-\mu_Y)]\\
&=\sum_i (x_i-\mu_X)(y_i-\mu_Y)p_i\\
&=(1-3.5)(6-3.5)\frac{1}{6}+(2-3.5)(5-3.5)\frac{1}{6}+(3-3.5)(4-3.5)\frac{1}{6}\\
&\qquad+(4-3.5)(3-3.5)\frac{1}{6}+(5-3.5)(2-3.5)\frac{1}{6}+(6-3.5)(1-3.5)\frac{1}{6}\\
&=-\frac{2.5^2}{6}-\frac{1.5^2}{6}-\frac{0.5^2}{6}-\frac{0.5^2}{6}-\frac{1.5^2}{6}-\frac{2.5^2}{6}\\
&=-2.92 \qquad (2\text{-}10)
\end{aligned}
$$

となります。符号がマイナスになっていますが、これは図2-1のように点が右下がりの傾向にあるときの特徴です。逆に右上がりの時には、符号はプラスになります。

一方、図2-2の場合は同様に計算するとゼロになります。

図2-1や図2-2のようなグラフと共分散の関係をまとめると、次のようになります。

共分散 ＞０　右上がりの関係
共分散 ＜０　右下がりの関係
共分散 ≈０　独立である可能性が高い

■相関係数と決定係数

共分散がゼロに近い場合は、2つの変数が独立である可能性が高いということを理解しました。しかし、読者の中には疑問を抱く方もいることでしょう。どんな疑問か？と言うと、「ゼロに近いかどうか？」をどうやって判定するのかということです。というのは共分散の値を眺めただけではゼロに近いか遠いかがわかりにくいからです。近いか遠いかを判別するためには何かの基準が必要でしょう。

共分散をC_{XY}で表すことにすると（共分散を意味する英語covarianceから記号にCを使いました）、(2-9）式から

$$C_{XY} = E[(X-\mu_X)(Y-\mu_Y)]$$

と書けます。この右辺を眺めると、カッコの中の項はμ_Xやμ_YからXとYが「共にどれぐらい離れているか」を表していることがわかります（これが**共分散**の語源です）。そこで、XとYの標準偏差σ_Xとσ_Yでこの項を割れば、σ_Xやσ_Yの大きさを基準にしてゼロに近いかどうか判別できそうだということがわかります。次式で表される量です。

$$r_{XY} \equiv E\left[\left(\frac{X-\mu_X}{\sigma_X}\right)\left(\frac{Y-\mu_Y}{\sigma_Y}\right)\right]$$

これは**相関係数**（correlation coefficient）と呼ばれています。σ_Xとσ_Yは、定数なので（1-3）式の$E(aX)=aE(X)$を使って外に出せます（$a=\dfrac{1}{\sigma_X\sigma_Y}$とみなします）。よって、

$$= \frac{1}{\sigma_X \sigma_Y} E[(X - \mu_X)(Y - \mu_Y)]$$

$$= \frac{C_{XY}}{\sigma_X \sigma_Y} \qquad (2\text{-}11)$$

となります。XとYに関してバランスのとれたきれいな形をした式です。

ここでは母集団を考えているので、母集団の標準偏差であるσ_Xとσ_Yを使っていますが、標本集団を考える場合には、標本集団の標準偏差S_XとS_Y、それに標本の共分散S_{XY}を使って

$$r_{XY} = \frac{S_{XY}}{S_X S_Y} \qquad (2\text{-}12)$$

と書きます。なお、標本の大きさ（データ数）をnとするとき

$$S_X^2 = \frac{1}{n} \sum_{i=1}^{n} \{x_i - E(X)\}^2$$

です。

図2-1の場合の相関係数を計算してみましょう。標準偏差σ_Xとσ_Yは（1-6）式ですでに求めたように$\sqrt{2.92}$であり、共分散の値も（2-10）式ですでに求めたように-2.92です。よって、相関係数の大きさは-1であることがわかります。相関係数の大きさは、-1から1の値をとり、0に近いほど無相関であり、-1か1に近いほど相関は強く

なります。

この相関係数には、もう一つ密接な関係を持つ変数があります。それは**決定係数**R^2です。決定係数は次式のように相関係数の2乗です。

$$R^2 \equiv {r_{XY}}^2 \qquad (2\text{-}13)$$

決定係数は2乗をとっているので、相関係数の正負にかかわらず0から1の間の値をとります。1に近づくほど相関が強く、0に近いほど相関は弱くなります。相関係数とは違って、プラスマイナスを気にしなくてよいのが利点です。

さて、本章では、期待値の加法性と分散の加法性を理解し、さらに共分散と独立の関係を理解しました。また、独立の程度を表す指標として、相関係数と決定係数が登場しました。

本章では、「独立」を強調してとりあげたのですが、2つの変数の間に相関がある場合には、その相関関係を明らかにすることが求められます。次章では相関関係を解明するための回帰分析と呼ばれる手法に取り組みます。

朝ご飯と成績の関係──因果関係か相関関係か？

ときどき報道されるデータに、「朝ご飯をきちんと食べている小学生の方が、食べていない小学生より成績がよい」というものがあります。この関係が因果関係なのか、それともたんなる相関関係なのかは、議論が分かれるところです。相関関係の強弱は、2つのデータの間の相関係数や決定係数の値から多くの場合は判断が可能です。しかし、因果関係は「原因と結果」の関係なので、その判断には精査が必要です。

朝ご飯と成績の関係では、容易に推測できるように、

きちんと朝ご飯を食べさせる家庭＝相対的に教育熱心な家庭

という関係が成り立つと予想されるので、このデータだけでは、

朝ご飯を食べる（原因）→　成績がよい（結果）

という関係は立証できていないのです。この立証には、無作為に選んだ小学生のグループを2つ用意して、一方には朝ご飯を食べさせて、もう一方には食べさせないで、両者の成績を比べる必要があります。しかし、成長期の子供に朝ご飯を食べさせないという実験を行うのは難しいでしょう。

国内外でボランティアの大学生をこの2つのグループに分けた実験結果があり、朝ご飯を食べたグループの方が脳の活動がおおむね活発だったそうです。食事をとる方が血糖値が高まり、脳の活動が活性化されると解釈すると、こちらの実験は因果関係を立証しているように思えます。

第3章

グラフの近似
——回帰分析

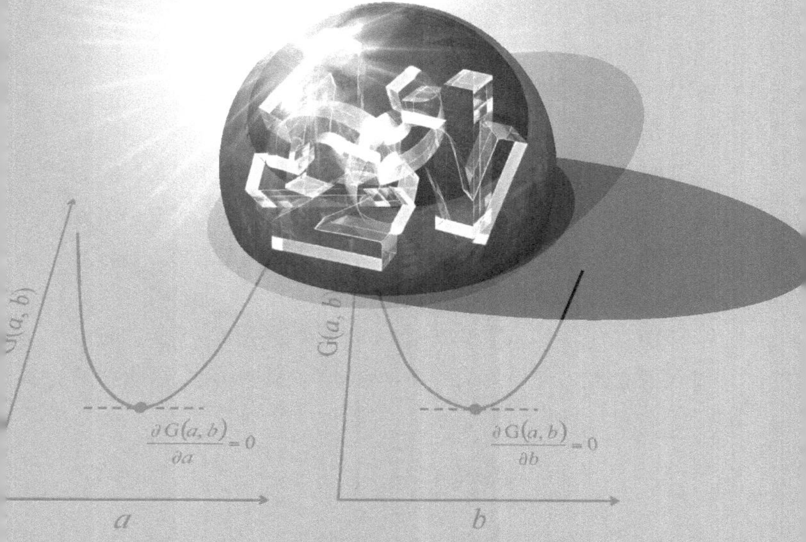

■直線の近似、回帰分析

統計の対象となる量には様々なものがあります。体重と身長、身長と年齢、年齢と年収、年収とGDP、GDPと平均寿命……などなどです。これらの2つの変数の間に相関がある場合には、一方の変数をもう一方の変数の関数として表すことが期待されます。例えば、最も単純な例としてサイコロの表の目と裏の目の関係を表す図2-1の場合を考えると、確率変数XとYの間には

$$X+Y=7$$

という関係があります。したがって、Yを関数$f(X)$として書くと

$$Y=f(X)=7-X$$

となります。実際の統計調査では、2つの変数がこのような明瞭な関係を持つことはまれで、どういう相関関係があるのか明らかではない場合が少なくありません。そのような場合に、近似を行って相関関係を表す式を求めるわけですが、これを**回帰分析**と呼びます。

近似に使われる関数には様々なものがありますが、最もよく使われるのが比例関係を表す1次関数です。1次関数は、中学で習ったように

$$y=f(x)=ax+b \qquad (3\text{-}1)$$

という式で表されます。xが1乗なので、1次と呼ぶわけです。比例関係をグラフにすると直線になりますが、これを

回帰直線と呼びます。

■最小２乗法

比例関係の一例として、年齢と身長の関係を見てみましょう。図3-1は、13歳から17歳までの女子の年齢と平均身長の関係をグラフにしたものです。

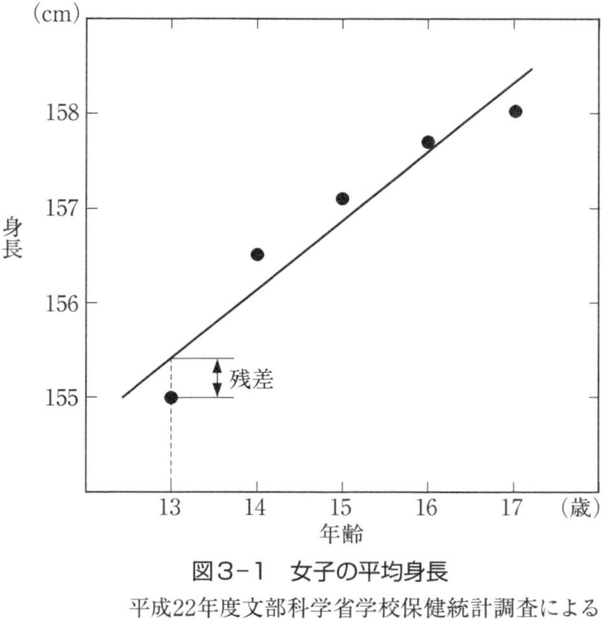

図３-１　女子の平均身長

平成22年度文部科学省学校保健統計調査による

年齢（歳）	身長（cm）
13	155.0
14	156.5
15	157.1
16	157.7
17	158.0

一目見てわかるように、この両者には相関関係があります。年齢とともに身長が伸びています。これは「成長によって身長が伸びる」という相関関係が現れているわけです。

この2つの変数の関係が比例関係であり、したがって直線で近似できると仮定してみましょう（13歳の点は少し外れているように見えますが）。どのような直線が最も適切なのか考えてみましょう。データの点と回帰直線のずれが小さいものほどよいことは単純に理解できますが、この「ずれを最小にする近似」を、**最小2乗法**と呼びます。

最小2乗法という言葉を聞くと、難しい近似のように感じるかもしれませんが、考え方は非常に簡単です。データのy座標y_iと、近似による直線$f(x_i)$との差

$$e_i \equiv y_i - f(x_i) \qquad (3\text{-}2)$$

を**残差**と呼びます。図3-1に残差の一つを図示しました。最小2乗法では、各点の残差の2乗の合計

$$G(a,\ b)=\sum_{i=1}^{n}e_i^2$$
$$=\sum_{i=1}^{n}\{y_i-f(x_i)\}^2$$
$$=\sum_{i=1}^{n}\{y_i-(ax_i+b)\}^2 \qquad (3\text{-}3)$$

が最も小さくなるように、(3-1) 式の直線の傾きaと切片bを決めます。ここでnはデータの個数です。2乗をとるのは、差が正負どちらの値になっても、ずれを表せるようにするためです。(3-3) 式ではx_iやy_iは実際のデータ（数値）なので、変数はaとbの2つだけです。

このaとbの決定もそれほど難しくはありません。$G(a,\ b)$が最小になるところでは、図3-2のように$G(a,\ b)$の傾きがゼロになるはずです。したがって、aまたはbで$G(a,\ b)$を偏微分してゼロになることが条件の一つです。式で書くと

$$\frac{\partial G(a,\ b)}{\partial a}=0 \quad と \quad \frac{\partial G(a,\ b)}{\partial b}=0$$

です。偏微分とは、2つ以上の変数（例えば、変数aとb）からなる関数を、ある1つの変数（aかbのどちらか）で微分することで、微分の記号はdではなく∂を用います。

偏微分の計算の前段階として$G(a,\ b)$を展開すると

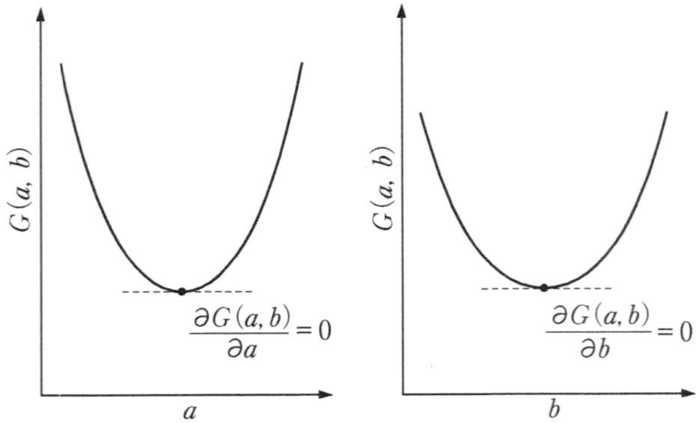

図3-2　$G(a,\ b)$が最小になるところでは偏微分がゼロ

$$(3\text{-}3)\ 式 = \sum_{i=1}^{n}\left\{y_i^2 - 2(ax_i + b)y_i + (ax_i + b)^2\right\}$$

$$= \sum_{i=1}^{n}\left(y_i^2 - 2ax_iy_i - 2by_i + a^2x_i^2 + 2abx_i + b^2\right)$$

となります。

これをaで偏微分して、＝0とおくと、

$$0 = \frac{\partial G(a,\ b)}{\partial a} = \sum_{i=1}^{n}\left(-2x_iy_i + 2ax_i^2 + 2bx_i\right)$$

$$= -2\sum_{i=1}^{n}x_iy_i + 2a\sum_{i=1}^{n}x_i^2 + 2b\sum_{i=1}^{n}x_i$$

となり、平均$\dfrac{1}{n}\sum_{i=1}^{n}x_i$は期待値$E(X)$に等しいので

$$= -2\sum_{i=1}^{n} x_i y_i + 2a\sum_{i=1}^{n} x_i^2 + 2bnE(X)$$

となります。また、bで偏微分すると

$$0 = \frac{\partial G(a,\ b)}{\partial b} = \sum_{i=1}^{n}(-2y_i + 2ax_i + 2b)$$
$$= -2\sum_{i=1}^{n} y_i + 2a\sum_{i=1}^{n} x_i + \sum_{i=1}^{n} 2b$$
$$= -2\sum_{i=1}^{n} y_i + 2a\sum_{i=1}^{n} x_i + 2bn$$
$$= -2nE(Y) + 2anE(X) + 2bn$$

となります。途中で標本の平均$E(X) = \frac{1}{n}\sum_{i=1}^{n} x_i$の関係を使っています。

この2つの式をそれぞれ2と$2n$で割ると、次の2つの連立方程式になります。

$$\begin{cases} 0 = -\sum_{i=1}^{n} x_i y_i + a\sum_{i=1}^{n} x_i^2 + bnE(X) & (3\text{-}4) \\ 0 = -E(Y) + aE(X) + b & (3\text{-}5) \end{cases}$$

この2つの式を解きましょう。まず、(3-5) 式から、

$$b = E(Y) - aE(X) \quad (\text{または、}E(Y) = aE(X) + b) \qquad (3\text{-}6)$$

が得られます。この式は (3-1) 式と同じ関係なので、平均$E(X)$と$E(Y)$の座標点$(E(X),\ E(Y))$が、回帰直線の上にあることを意味しています。これを (3-4) 式に代入し

てbを消去すると

$$
\begin{aligned}
0 &= -\sum_{i=1}^{n} x_i y_i + a\sum_{i=1}^{n} x_i^2 + n\{E(Y) - aE(X)\}E(X) \\
&= -\sum_{i=1}^{n} x_i y_i + a\sum_{i=1}^{n} x_i^2 + nE(X)E(Y) - anE^2(X) \\
&= a\left\{\sum_{i=1}^{n} x_i^2 - nE^2(X)\right\} - \sum_{i=1}^{n} x_i y_i + nE(X)E(Y)
\end{aligned}
$$

となります。これからaを求めると

$$
a = \frac{\displaystyle\sum_{i=1}^{n} x_i y_i - nE(X)E(Y)}{\displaystyle\sum_{i=1}^{n} x_i^2 - nE^2(X)} \qquad (3\text{-}7)
$$

となります。この式は少し面倒そうな形をしていますが、さらに次のように変形できます。

$$
\begin{aligned}
&= \frac{n \times \dfrac{1}{n}\displaystyle\sum_{i=1}^{n} x_i y_i - nE(X)E(Y)}{n \times \dfrac{1}{n}\displaystyle\sum_{i=1}^{n} x_i^2 - nE^2(X)} \\
&= \frac{nE(XY) - nE(X)E(Y)}{nE(X^2) - nE^2(X)} \\
&= \frac{E(XY) - E(X)E(Y)}{E(X^2) - E^2(X)} \qquad (3\text{-}8)
\end{aligned}
$$

分母は（1-5）式から分散を表していることがわかりま

す。また、分子は（2-9）式の共分散です。よって、

$$= \frac{S_{XY}}{{S_X}^2} \tag{3-9}$$

となります。ここで、S_{XY}は標本（図3-1のデータ点）の共分散を表し、${S_X}^2$は標本の分散を表します。とても簡単な形になりました。

前章で見たように2つの変数が独立な時には共分散はゼロになります。その場合は（3-9）式の分子はゼロとなるので、傾きaもゼロになります。つまり、Xがどのような値をとってもYはフラットなまま（平らなまま）ということになります。

aが求まったので、これを（3-6）式に代入するとbが求まります。このaとbを使うと最小2乗法による回帰直線が得られます。

■表計算ソフトを使って回帰直線を求める

この回帰直線を、表計算ソフトを使って求めてみましょう。エクセルのファイルは、講談社ブルーバックスのサイトからダウンロードできます。エクセルを持っていない方は、フリーのソフトのOpenOfficeやLibreOfficeを使って同様の計算が可能です。これらのソフトはウェブ上で検索をかけると容易に見つけられると思います。

ブルーバックスのホームページ

http://www.kodansha.co.jp/bluebacks/

のなかの「ブルーバックスシリーズのサポートページ」から「回帰分析」と書かれているファイルをダウンロードして開いてください（エクセルファイルをダウンロードできる環境にない方は少し面倒ですが打ち込んでいただく必要があります）。

ファイルを開くと、図3-3の画面が現れます。

B10 =AVERAGE(B4:B8)

	A	B	C	D	E	F
1						
2		*X*	*Y*			
3		年齢（歳）	身長（cm）	*XY*	*XX*	*YY*
4		13	155	2015	169	24025
5		14	156.5	2191	196	24492.25
6		15	157.1	2356.5	225	24680.41
7		16	157.7	2523.2	256	24869.29
8		17	158	2686	289	24964
9						
10	平均	15	156.86	2354.34	227	24606.19
11		*E(X)* ↑	*E(Y)* ↑	*E(XY)* ↑	*E(XX)* ↑	*E(YY)* ↑
12						
13				*a*=	0.72	
14				*b*=	146.06	
15						
16				決定係数=	0.9172	

図3-3　エクセルファイル「回帰分析」の画面

B4欄からB8欄には年齢のデータが入力されていて、C4欄からC8欄には身長のデータが入力されています。また、B10欄やC10欄では、それぞれの平均値を求めています。エクセルには平均を求める関数が組み込まれていま

す。それがAVERAGE関数です。B10欄をクリックすると、図3-3のように

= AVERAGE(B4:B8)

という表示が現れますが、これはB4欄からB8欄のデータの平均を求めることを意味しています。

傾きaを求めるためには、(3-8) 式を用いました。(3-8) 式では、$E(X)$, $E(Y)$, $E(XY)$, $E(X^2)$ の4つ量がありますが、平均$E(X)$と$E(Y)$はB10欄とC10欄で求めています。$E(XY)$や$E(X^2)$を求めるためには、まず個々のXYやX^2を求める必要がありますが、それらはD4～D8欄とE4～E8欄で求めています。例えば、D4欄をクリックすると

= B4 ∗ C4

という表示が現れ、B4欄とC4欄のデータのかけ算を求めていることがわかります。なお、表計算ソフトでは、かけ算の記号は「∗」であり、割り算の記号は「／」であることにご注意ください。

E13欄をクリックすると、傾きaを求める (3-8) 式に対応する

= (D10 − B10 ∗ C10)/(E10 − B10 ∗ B10)

が上の数式バーに現れます。また、E14欄では (3-6) 式を用いて切片bを求めています。

$$= C10 - E13 * B10$$

E16欄では次節で説明する決定係数を（3-14）式を用いて求めています。そのためにはS_Y^2の計算に$E(Y^2)$も求める必要があるので、F列$E(YY)$でそれを求めています。

図3-1の実線が求めた回帰直線です。年齢をxとし、身長をy（cm）で表すと、

$$y = 0.72x + 146.06$$

です。図からわかるように13歳の点の残差が最も大きくなっています。

筆者の学生時代（1980年代前半）には、関数電卓を使ってプログラムを組んで（3-9）式を求めたものです。しかし現在では、このように表計算ソフトウェアを使えば簡単に求まります。

なお、変数が2つ以上の関数（例えば、$f(x, y)$のような）を近似する場合もあります。そのような場合は、**重回帰分析**と呼びます。

■近似の良さを表す指標

さて、この近似がどの程度よいのかをどう判断すればよいのでしょうか。これは少し考えると、（3-3）式の残差の2乗和がゼロに近づくほどよい近似であることに気づきます。

ここでは、この残差の2乗和について考えますが、その前に、残差が持つ面白い関係を見ておきましょう。1つ目

は、残差e_iについて

$$\sum_{i=1}^{n} e_i = 0 \tag{3-10}$$

と

$$\sum_{i=1}^{n} x_i e_i = 0 \tag{3-11}$$

の関係が成り立つというものです。この（3-10）式を証明してみましょう。

$$\begin{aligned}\sum_{i=1}^{n} e_i &= \sum_{i=1}^{n} \{y_i - f(x_i)\} \\ &= \sum_{i=1}^{n} (y_i - ax_i - b) \\ &= \sum_{i=1}^{n} y_i - a\sum_{i=1}^{n} x_i - nb \\ &= nE(Y) - anE(X) - nb\end{aligned}$$

（3-6）式$b = E(Y) - aE(X)$を使ってbを消去すると

$$\begin{aligned}&= nE(Y) - anE(X) - n\{E(Y) - aE(X)\} \\ &= 0\end{aligned}$$

となります。同様に計算すると（3-11）式も証明できます。

残差には、さらに次の式も成り立ちます。次式の右辺の第2項には、残差の2乗和が含まれますが、この後で残差の2乗和について考える際にこの式が役に立ちます。

$$\sum_{i=1}^{n}\{y_i - E(Y)\}^2 = \sum_{i=1}^{n}\{f(x_i) - E(Y)\}^2 + \sum_{i=1}^{n} e_i^2 \qquad (3\text{-}12)$$

これも証明してみましょう。まず、（3-2）式

$$e_i = y_i - f(x_i)$$

の両辺から$E(Y)$を引いて整理すると

$$e_i - E(Y) = y_i - f(x_i) - E(Y)$$
$$\therefore y_i - E(Y) = f(x_i) - E(Y) + e_i$$

となります。次に両辺を2乗して和をとります。

$$\sum_{i=1}^{n}\{y_i - E(Y)\}^2 = \sum_{i=1}^{n}\{f(x_i) - E(Y) + e_i\}^2$$

$$= \sum_{i=1}^{n}\{f(x_i) - E(Y)\}^2 + \sum_{i=1}^{n} 2e_i\{f(x_i) - E(Y)\} + \sum_{i=1}^{n} e_i^2$$

（3-1）式を代入すると

$$= \sum_{i=1}^{n}\{f(x_i) - E(Y)\}^2 + \sum_{i=1}^{n} 2e_i\{ax_i + b - E(Y)\} + \sum_{i=1}^{n} e_i^2$$

$$= \sum_{i=1}^{n}\{f(x_i) - E(Y)\}^2 + 2a\sum_{i=1}^{n} e_i x_i + 2\{b - E(Y)\}\sum_{i=1}^{n} e_i + \sum_{i=1}^{n} e_i^2$$

となり、第2項と第3項に（3-11）式の$\sum_{i=1}^{n} x_i e_i = 0$と（3-10）式の$\sum_{i=1}^{n} e_i = 0$を使うと

$$=\sum_{i=1}^{n}\{f(x_i)-E(Y)\}^2+\sum_{i=1}^{n}e_i^{\,2}$$

となります。これで、(3-12) 式が証明できました。

さて、先ほど述べたように、この (3-12) 式の右辺には残差の2乗和の項が含まれています。そこで、(3-12) 式を変形すると、

$$\sum_{i=1}^{n}e_i^{\,2}=\sum_{i=1}^{n}\{y_i-E(Y)\}^2-\sum_{i=1}^{n}\{f(x_i)-E(Y)\}^2 \qquad (3\text{-}13)$$

となります。本節の元の趣旨にもどって、近似の精度が高いかどうかを判断するには、この残差の2乗和が小さければ小さいほどよいということになります。これは、右辺の第1項と第2項の値が近いほど、引き算がゼロに近づくことを意味しています。そこで、第2項を第1項で割った

$$\frac{\displaystyle\sum_{i=1}^{n}\{f(x_i)-E(Y)\}^2}{\displaystyle\sum_{i=1}^{n}\{y_i-E(Y)\}^2}$$

という量について考えることにしましょう。この量が1に等しくなるときには、(3-13) 式の右辺はゼロになるので、残差の2乗和もゼロになることがわかります。よって、この量が1に近づくほど残差が小さくなるということがわかります。(3-1) 式の $f(x)=ax+b$ と (3-6) 式の $E(Y)=aE(X)+b$ を分子に代入すると

$$=\frac{\sum_{i=1}^{n}\{ax_i+b-aE(X)-b\}^2}{\sum_{i=1}^{n}\{y_i-E(Y)\}^2}$$

$$=\frac{a^2\sum_{i=1}^{n}\{x_i-E(X)\}^2}{\sum_{i=1}^{n}\{y_i-E(Y)\}^2}$$

となります。さらに、分子と分母を、それぞれXとYの標本の標準偏差S_XとS_Yを使って書くと

$$=\frac{a^2n\times\frac{1}{n}\sum_{i=1}^{n}\{x_i-E(X)\}^2}{n\times\frac{1}{n}\sum_{i=1}^{n}\{y_i-E(Y)\}^2}$$

$$=\frac{a^2nS_X^2}{nS_Y^2}$$

$$=\frac{a^2S_X^2}{S_Y^2} \tag{3-14}$$

となります。大変、すっきりとした形になりましたが、さらに（3-9）式の$a=\frac{S_{XY}}{S_X^2}$を使うと、

$$=\frac{S_{XY}^2}{S_X^2S_Y^2}$$

となります。XとYに関してバランスのとれたきれいな形

をしています。

「バランスのとれたきれいな形！」と言うと思い出しますね。そうです、さらにおもしろいことには、これは（2-12）式の$r_{XY}=\dfrac{S_{XY}}{S_X S_Y}$の相関係数の2乗であり、つまり（2-13）式の$R^2=r^2_{XY}$の決定係数と同じです。というわけで、相関係数と決定係数が近似の良さを表す重要な指標でもあることがわかります。

図3-1の場合の相関係数を計算してみると、0.958となり、決定係数は0.917となります。両者ともに1に極めて近いことから強い相関関係にあるとともに、（3-1）式の回帰直線がよい近似であることがわかります。様々な分野で、相関関係があるかどうか、また回帰直線の近似がよいかどうかの判断に、この決定係数が活躍します。

■最小２乗法を生み出したのは誰か？

最小2乗法は、様々なところで大活躍していますが、これを最初に発表したのはフランスの数学者アドリアン・ルジャンドル（1752～1833）でした。ルジャンドルは、1805年に彗星の軌道に関する著書を発刊しましたが、この中に最小2乗法が登場しました。1789年に始まったフランス革命は1799年のナポレオンによるクーデターで終わりを告げ、この1805年はナポレオンの絶頂期でした。ナポレオンは1805年10月のイギリスとのトラファルガーの海戦には敗れたものの、12月のオーストリアとロシアの連合軍とのアウステルリッツの戦いでは勝ちました。この時期のフランスはルジャンドル以外にも、モンジュ、ラプラス、フーリエ、ポアソンらの数学史に輝く天才たちを輩出しています。

ルジャンドルが最小2乗法を発表した後で、1809年にドイツの数学者カール・F・ガウス（1777～1855）が『天体運行論（Theoria Motus)』を刊行し、最小2乗法についてはすでに1795年に自分が見つけていたと主張しました。ガウスはルジャンドルより25歳年下ですが、1801年に『整数論研究』を出版して数学者としての名声を得ていました。ガウスはまた、1801年1月に発見され、すぐに行方不明になった小惑星ケレスの軌道を計算し、同年の12月にガウスの計算通りの位置でケレスが再観測されたことでも有名になっていました。ガウスはこの軌道計算の精度を上げるために最小2乗法を用いていました。

ルジャンドルとガウスの間には、最小2乗法の優先権をめぐって争いが起きました。この争いに関する現在の一般的な理解は、「両者は独立に最小2乗法を生み出し、考え出したのはガウスの方が早く、公表した年ではルジャンドルが早かった」というものです。今日の学界では、先に論文を発表した研究者に優先権があると考えるのが一般的です。しかし、アメリカの特許制度などは、2011年まで先発明主義をとっていました。先発明主義とは、特許申請をしなくても、日付を記した実験ノートなどで、他の誰よりも先に発明したことを証明できれば特許の優先権が認められるという考え方です。先発明主義に従うならば、ガウスの主張にも正当性があることになります。また、当時の優先権の考え方が現在よりずっとあいまいだったことを考えれば、最小2乗法の優先権に関するガウスの主張は、それほど不合理ではないという解釈も成り立ちます。

さて本章では、相関係数と決定係数、それに1次関数による回帰分析を理解しました。次章では、分布の女王である正規分布を見てみましょう。正規分布の研究に大きな功績を遺したのは、ルジャンドルと最小2乗法の優先権を争ったガウスです。

二人のルジャンドル

ルジャンドルの肖像画としては、従来は少しほのぼのとした風貌の横顔が知られていました。しかし2009年のアメリカの数学誌Notices of the American Mathematical Societyに、この横顔は数学者のルジャンドルのものではないという説をミシガン大学のPeter Duren教授が発表しました。

従来のルジャンドルの肖像画

実は、ルジャンドルの絵は他にも存在します。それは1820年に描かれた水彩画で、当時の著名人の肖像画を集めた本に掲載されました。そちらの肖像画のルジャンドルは従来の肖像画とは全く異なる、鋭い目つきをした数学者として描かれています。ルジャンドルの隣にはフーリエも描かれていますが、このフーリエは他のフーリエの肖像画とよく似ています。したがって、このルジャンドルの絵も本人の特徴をよくとらえているものと推測できます。

では、これまでルジャンドルと信じられていた人物は誰なのでしょう。実は、こちらもルジャンドルでした。ただしフランス革命時には肉屋で、バスチーユ牢獄の襲撃に始まるフランス革命に参加し、左派の国会議員になった政治家のルジ

1820年に描かれたルジャンドル（左）とフーリエ（右）の水彩画

従来、ルジャンドルの横顔の肖像画とされてきた前ページの絵（横顔）は、同姓の政治家ルジャンドルのものであったとのこと

ャンドルでした。政治家になったので肖像画が残り、いつしか同姓の数学者ルジャンドルの肖像画と誤認されたようです。

第4章

分布の女王、それは正規分布

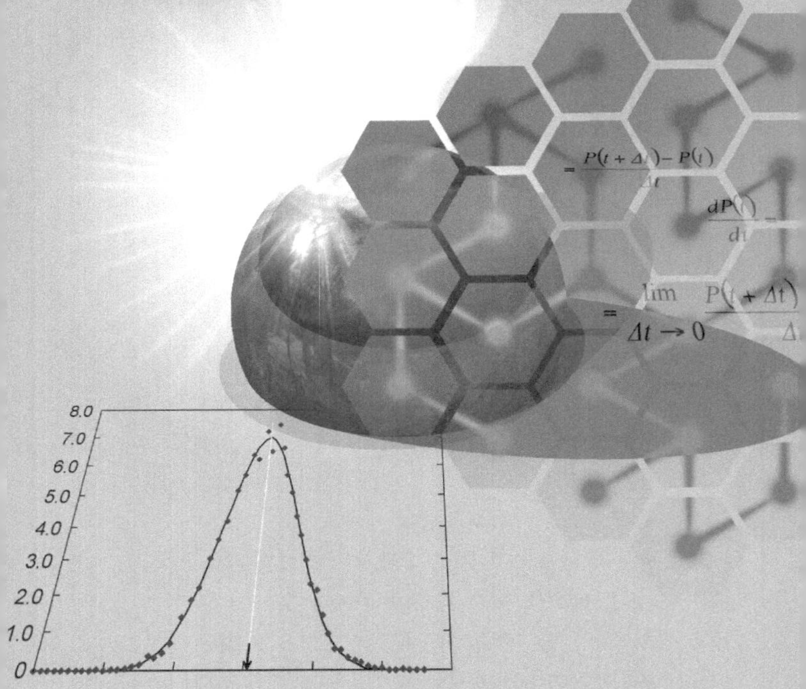

■正規分布とは？

ガウス（1777～1855）

確率や統計において最も重要な分布は、正規分布です。正規分布は**ガウス分布**とも呼ばれますが、これは19世紀最大の数学者とも呼ばれるガウスが正規分布の研究に重要な貢献をしたからです。ガウスは1809年に出版した『天体運行論』において測定誤差が正規分布になると述べています。数学者というと、「机で計算ばかりしている人」ととらえられがちですが、ガウスは1807年にゲッチンゲン大学の天文台長になってからは星の観測にも携わり、レンズの設計も行いました。また、1818年からはハノーファー王国の測量に携わり、その過程で誤差や幾何学についての研究を深めました。ガウスの有名な言葉には、「数学は科学の女王である」があります。

この正規分布の典型的な例を一つ見てみましょう。図4-1は、平成20年度の17歳男子の身長の分布です。点が実際のデータで、実線が正規分布です。正規分布はこのように左右対称で釣り鐘の形をしています。このため英語では、bell curve（ベルカーブ）と呼ばれることもありま

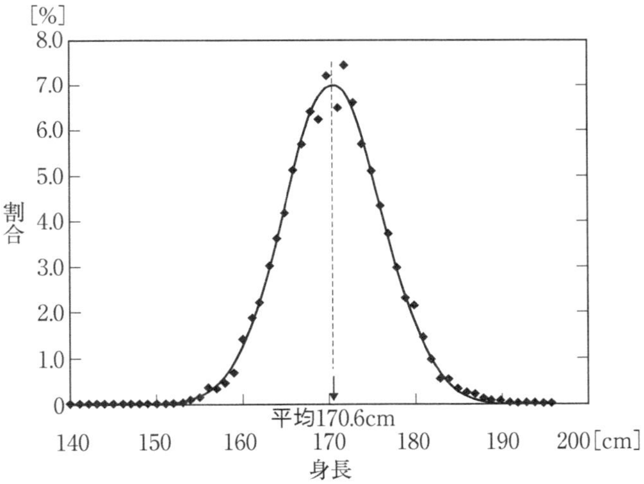

図4-1　平成20年度の17歳男子の身長の分布
文部科学省学校保健統計調査による

す。英語の正式名はnormal distributionです。この実線の正規分布は、実際のデータから平均値（170.6cm）と標準偏差の値（5.7cm）を求め、この後で説明する（4-10）式に代入して得たものです。多少、正規分布から外れているデータ点もありますが、ほとんどの点は正規分布に乗っています。

人間の集団では、身長以外に、体重の分布なども正規分布に乗ります。したがって、洋服の販売などで、どのサイズをどの程度作ったり仕入れたりすればよいかを考える際には、この正規分布が基準になります。体のサイズだけでなく、学校のペーパーテストの得点も正規分布に従う場合が多く（「できる集団」と「できない集団」に分かれる二峰性になる場合もありますが）、例えば、大学入試センター試験の得点分布も正規分布に似ています。

では、人間の集団に関する分布はすべて正規分布に従うかというと、そうでない場合もあります。例えば、年収の分布などは正規分布にはなりません。平均年収が仮に500万円だとすると、下限は年収0円ですが、上限側は年収数十億円とか数百億円の人もいます。したがって、年収の分布は500万円を中心とした左右対称の分布にはならないのです。正規分布では、**中央値**（分布の中心の値で、**メディアン**とも呼ばれる）と**最頻値**（最もたくさん現れる値で、**モード**とも呼ばれる）および**平均値**の3つが一致しますが、年収の分布などではこの3つがすべて異なります。

分布には、本書でこの後見るように様々な形がありますが、ある母集団の分布が不明な場合には、最初に仮定するのは多くの場合に正規分布です。正規分布が当てはまらない場合に、「それ以外の分布」への当てはめを検討します。「数学は科学の女王である」というガウスの言葉にならうならば、「正規分布は、統計分布の女王である」と言ってもよいでしょう。

■連続的な確率変数

確率変数には、ここまで見たサイコロの目のような離散的なもののほかに、この正規分布のように、連続的な確率変数を使う分布もあります。連続的な確率変数をXとするとき、ある値aからbまでとる確率$P(a \leqq X \leqq b)$は、積分

を使って

$$P(a \leqq X \leqq b) = \int_a^b f(x)dx \qquad (4\text{-}1)$$

となります（右辺の積分の変数xは小文字で書くことに注意しましょう）。この関数$f(x)$を**確率密度関数**と呼びます。すべての確率の和は1（＝100%）である必要があるので、確率変数のすべての範囲が$-\infty$から∞であるとしたら、この積分は次式のように1になる（規格化されている）必要があります。

$$P(-\infty < X < \infty) = \int_{-\infty}^{\infty} f(x)dx = 1 \qquad (4\text{-}2)$$

（4-1）式と（4-2）式を理解するための一例として、図4-1の17歳の男子の中から、ある1人のデータだけを拾い出し、その1人の身長が170cm以上ある確率を求めることにしましょう。図4-1の正規分布を表す確率密度関数を$N(x)$とすると、身長を0から∞まで積分すると、次式のように100％（＝1）になるように規格化されている必要があります。

$$\int_0^{\infty} N(x)dx = 1$$

これが（4-2）式に対応します。

次に、この正規分布を表す確率密度関数を次式のように身長170cmから無限大まで積分すれば、身長が170cm以上である確率が求まります。

$$170\text{cm以上である確率} = \int_{170}^{\infty} N(x)dx$$

これが（4-1）式に対応します。つまり、連続的な確率変数では、

確率＝確率密度関数の面積

になります。

確率密度関数を使って期待値$E(X)$と分散$V(X)$を求める式は、離散的な確率変数の期待値の（1-2）式と分散の（1-4）式のΣを積分記号$\int$に置き換えた

$$E(X) = \int_{-\infty}^{\infty} xf(x)dx \qquad (4\text{-}3)$$

と

$$V(X) = \int_{-\infty}^{\infty} (x-\mu)^2 f(x)dx \qquad (4\text{-}4)$$

になります。

■正規分布の骨格

この正規分布は、数式ではどのように表されるのでしょうか。最も単純な正規分布は、

$$y = e^{-\frac{x^2}{2a}} \quad (4\text{-}5)$$

という形をしています。正規分布が左右にどの程度広がるかは、指数関数の肩の項のa（＞0）の大きさによって決まります。x^2は2乗なので正か0であり、aもまた正なので、指数関数の肩の項は0か負になります（マイナス記号があるので）。xを原点からの距離とみなすと、原点から離れるにつれて距離の2乗に依存して減衰する指数関数が、正規分布を表します（ちなみに、分母に2がついているのは後で見るようにこの方が都合がよいからです）。

次に、図4-1のように平均の位置が原点（$x = 0$）からずれている場合に、どう表せばよいか考えましょう。図4-1の身長の分布を見てみると、正規分布は左右対称なので、分布の中心に平均値が位置し、その値は170.6cmです。平均の値をμ（＝170.6cm）とすると、正規分布の中心は$x = \mu$にずれるので、(4-5) 式の指数関数の肩のxを$x - \mu$に変えればよいことに気づきます。よって、

$$y = e^{-\frac{(x-\mu)^2}{2a}} \quad (4\text{-}6)$$

です。

■正規分布の規格化

以上が正規分布の数式の骨格ですが、確率分布を考える際には、全部の場合の数を足す(積分する)と100％（＝1）

になるように規格化することが望まれます。よって、規格化のための新たな係数cを導入して

$$1=c\int_{-\infty}^{\infty}e^{-\frac{(x-\mu)^2}{2a}}dx \tag{4-7}$$

となります。

このcを求めましょう。まず、積分を簡単にするために変数変換

$$t\equiv x-\mu \tag{4-8}$$

を行います。変数変換のために（4-8）式をxで微分すると、

$$\frac{dt}{dx}=1 \quad \therefore dx=dt$$

なので、これを使って（4-7）式を変数変換すると

$$1=c\int_{-\infty}^{\infty}e^{-\frac{t^2}{2a}}dt$$

となります。さらに積分を簡単にするために、$k\equiv\frac{t}{\sqrt{2a}}$の変数変換を行うと（$\frac{dk}{dt}=\frac{1}{\sqrt{2a}}$　$\therefore dt=\sqrt{2a}\,dk$なので)、

$$=c\int_{-\infty}^{\infty}e^{-k^2}\sqrt{2a}\,dk$$

$$=c\sqrt{2a}\int_{-\infty}^{\infty}e^{-k^2}dk$$

となります。この積分はガウス積分（付録参照）

$$\int_{-\infty}^{\infty} e^{-k^2} dk = \sqrt{\pi} \qquad (4\text{-}9)$$

なので、

$$1 = c\sqrt{2\pi a}$$

となり、

$$c = \frac{1}{\sqrt{2\pi a}}$$

が得られます。よって、規格化された正規分布は

$$N(x) = \frac{1}{\sqrt{2\pi a}} e^{-\frac{(x-\mu)^2}{2a}} \qquad (4\text{-}10)$$

となります。

■正規分布の分散

これで正規分布が規格化されたわけですが、これを使って分散の大きさを計算してみましょう。分散は（4-4）式 $V(X) = \int_{-\infty}^{\infty} (x-\mu)^2 f(x) dx$ と（4-10）式より

$$V(X) \equiv E[(X-\mu)^2] = \frac{1}{\sqrt{2\pi a}} \int_{-\infty}^{\infty} (x-\mu)^2 e^{-\frac{(x-\mu)^2}{2a}} dx$$

です。前節と同様の変数変換 $u \equiv x - \mu$ を行うと、

$$=\frac{1}{\sqrt{2\pi a}}\int_{-\infty}^{\infty}u^2e^{-\frac{u^2}{2a}}du=\frac{1}{\sqrt{2\pi a}}\int_{-\infty}^{\infty}u\left(ue^{-\frac{u^2}{2a}}\right)du$$

となります。これに部分積分の公式（付録参照）を使うと

$$=\frac{1}{\sqrt{2\pi a}}\int_{-\infty}^{\infty}u\left(-ae^{-\frac{u^2}{2a}}\right)'du$$

$$=\frac{1}{\sqrt{2\pi a}}\left[-ae^{-\frac{u^2}{2a}}\times u\right]_{-\infty}^{\infty}+\frac{1}{\sqrt{2\pi a}}\int_{-\infty}^{\infty}ae^{-\frac{u^2}{2a}}du$$

となります。第1項はゼロなので（付録参照）、第2項が残ります。

$$=\sqrt{\frac{a}{2\pi}}\int_{-\infty}^{\infty}e^{-\frac{u^2}{2a}}du$$

これも前節と同様の$k\equiv\frac{u}{\sqrt{2a}}$の変数変換を行うと

$$=\sqrt{\frac{a}{2\pi}}\int_{-\infty}^{\infty}e^{-k^2}\sqrt{2a}\,dk$$

$$=\frac{a}{\sqrt{\pi}}\int_{-\infty}^{\infty}e^{-k^2}dk$$

となります。この積分はガウス積分なので

$$=a$$

となり、aが分散に等しいことがわかります。(4-5）式$y=e^{-\frac{x^2}{2a}}$で指数関数の肩の項の分母に2をつけたのは、このようにaを分散と同じ値にするためです。この結果か

ら、分散Vを使って正規分布の式を書くと（4-10）式は

$$\frac{1}{\sqrt{2\pi V}}e^{-\frac{(x-\mu)^2}{2V}}$$

となります。標準偏差σと分散Vは（1-7）式の関係（$V=\sigma^2$）があるので、正規分布を標準偏差σを使って表すと

$$N(\mu,\ \sigma^2)=\frac{1}{\sqrt{2\pi}\,\sigma}e^{-\frac{(x-\mu)^2}{2\sigma^2}} \qquad (4\text{-}11)$$

となります。左辺の記号は、平均がμで分散がσ^2である正規分布を表します。

■正規分布と標準正規分布

正規分布の中には、

$$N(0,\ 1)$$

と書ける正規分布があります。これは、平均がゼロ（$\mu=0$）で分散が1である（$\sigma^2=1$）というわかりやすい分布なので、**標準正規分布**と呼ばれています。

正規分布$N(\mu,\ \sigma^2)$の確率変数がXであるとすると、この確率変数に次式の

$$Y\equiv\frac{X-\mu}{\sigma} \qquad (4\text{-}12)$$

という変数変換を行うと（$\therefore\frac{dy}{dx}=\frac{1}{\sigma}$）、標準正規分布に置き換えられます。正規分布では次式が成り立っています

が、

$$1=\frac{1}{\sqrt{2\pi}\,\sigma}\int_{-\infty}^{\infty}e^{-\frac{(x-\mu)^2}{2\sigma^2}}dx$$

これに、(4-12) 式の変数変換を施すと、

$$\begin{aligned}&=\frac{1}{\sqrt{2\pi}\,\sigma}\int_{-\infty}^{\infty}e^{-\frac{y^2}{2}}\sigma dy\\&=\frac{1}{\sqrt{2\pi}}\int_{-\infty}^{\infty}e^{-\frac{y^2}{2}}dy\end{aligned}\qquad(4\text{-}13)$$

となります。この (4-13) 式の新たな確率密度関数

$$\frac{1}{\sqrt{2\pi}}e^{-\frac{y^2}{2}}$$

は、(4-11) 式と比較すればわかるように、平均がゼロで分散が1である標準正規分布$N(0,\ 1)$を表しています。(4-12) 式の新しい変数を**標準化変数**と呼び、この変数変換を、**確率変数の標準化（規準化）**と呼びます。

■標準偏差は正規分布のどこにあるのか？

標準偏差σが正規分布のグラフのx軸上のどのあたりにあるかを知っていると便利です。まず、正規分布の中心 ($x=\mu$) の高さを求めてみましょう。これは、(4-11) 式に$x=\mu$を代入すればわかるように$\frac{1}{\sqrt{2\pi}\,\sigma}$です。標準正規分布では$\sigma=1$なので$\frac{1}{\sqrt{2\pi}}$になります。

では、正規分布の中心から標準偏差の分だけずれた点（$x=\mu+\sigma$や$x=\mu-\sigma$）の高さはどうでしょう。代入してみると、

$$\frac{1}{\sqrt{2\pi}\,\sigma}e^{-\frac{\sigma^2}{2\sigma^2}}=\frac{1}{\sqrt{2\pi}\,\sigma}e^{-\frac{1}{2}}$$

となります。正規分布の中心での高さの$e^{-\frac{1}{2}}$倍です。ということはピークの高さの$e^{-\frac{1}{2}}$倍のところのx座標が標準偏差の値です。関数電卓で計算してみると

$$e^{-\frac{1}{2}}=0.60653\cdots$$

となるので、ピークの高さの6割のところのx座標が標準偏差であることがわかります。

正規分布の中心から$\pm2\sigma$や$\pm3\sigma$ずれた点の高さも求めておきましょう。同様にして求めると、

$x=\mu\pm2\sigma$の高さ　　0.135
$x=\mu\pm3\sigma$の高さ　　0.011

となります。

■正規分布と分散の関係

次に、この標準偏差の幅の中に入る確率がどれくらいなのか見てみましょう。図4-1の実例を見ると、ピークの高さの0.60倍のところが、標準偏差の位置（170.6cm ± 5.7cm）に対応することが確認できます。この範囲に入る確率は、図4-2の$\mu-\sigma$から$\mu+\sigma$の正規分布の面積に対

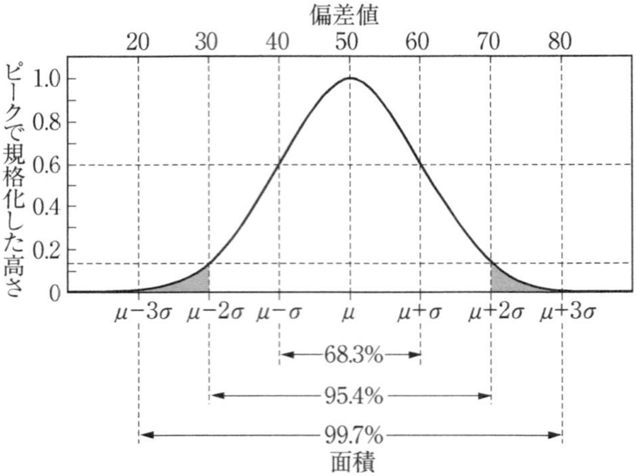

図4-2　正規分布と標準偏差の関係

応します。この面積は、次々節で示すように

68.3 %

であり、おおよそ3分の2になります。つまり、平均身長の ± 5.7cm の範囲におおよそ3分の2の男子が含まれることになります。

次にさらに範囲を広げて、$\mu - 2\sigma$ から $\mu + 2\sigma$ まで積分すると、95.4%になります。図4-1の場合では、平均身長の ± 11.4cm の範囲に約95 %の男子が含まれることになります。このように、日本人の平均身長のばらつきは意外に小さいようです。この95.4 %は、95%とはわずかにずれていますが、積分範囲を、$\mu - 1.96\sigma$から$\mu + 1.96\sigma$にすると、95%になります（これも次々節で示します）。この面積が95％になる範囲は、第7章で現れる「区間推定」や「仮説検定」と呼ばれる手法にとって重要で**95％信頼区間**と呼びます。

そしてさらに範囲を広げて、$\mu - 3\sigma$から$\mu + 3\sigma$まで積分すると、99.7%になります。つまり、標準偏差の3倍の値の範囲内で積分すると、ほぼすべてが含まれるのです。この範囲外には、0.3%しか残らないことになります。この0.3%は、「千のうちの三つ」ということで、極めて稀です。

「千のうちの三つ」という表現はもともと日本語にあって、江戸時代の浮世草子などにも稀なことを表す言葉として現れます。この言葉は短縮されて、千三《せんみ》つとも呼ばれます。現在でも、稀なことを表現するときに「出願された特許のうち、実用化されるのは、千三つに過ぎない」などという使い方がされます。$\pm 3\sigma$以外の確率が、日本人にとっての稀を意味する千三つと一致するというのは面白く感じられます。

■正規分布をグラフ化する

正規分布の基本的な性質を理解したところで、これを表計算ソフトを使ってグラフ化してみましょう。ブルーバックスのホームページにあるサポートページの、「正規分布」と書かれているファイルをダウンロードして開いてください。

標準正規分布を$x=-\infty$から$x=t$まで積分した

$$P(t)\equiv\frac{1}{\sqrt{2\pi}}\int_{-\infty}^{t}e^{-\frac{x^2}{2}}dx \tag{4-14}$$

を（標準正規分布の）**累積分布関数**と呼びます。これに対応する関数がエクセルに組み込まれています。それが

NORMSDIST(t)

です。NORMはnormal（ノーマル：正規）の略で、その次のSはstandard（スタンダード：標準）を表します。DISTはdistribution（ディストリビューション：分布）の略です。

エクセルのファイルの1シート目を開いて下さい。A列にx座標が入っています。B2欄をクリックすると

= NORMSDIST(A2)

が現れます。図4-3の上段のグラフは累積分布関数の値を示しています。

C列は、B列の差分をとったもので、例えば、C2欄をクリックすると

= (B3 − B2)/(A3 − A2)

が数式バーに現れます。これを数式で書くと、B列は（4-14）式の$P(t)$の値を示しているので、

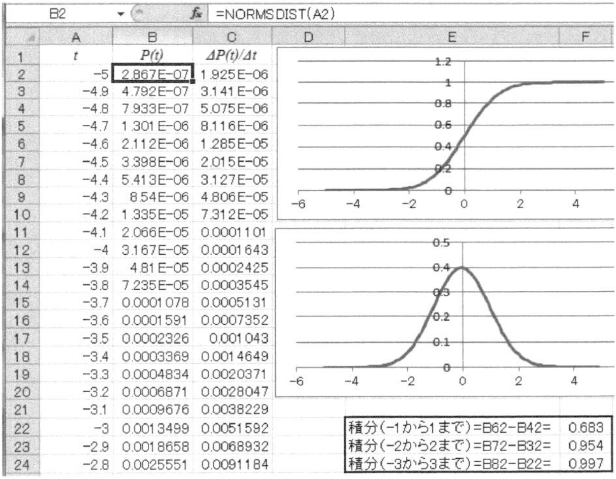

B2　=NORMSDIST(A2)

	A	B	C
1	t	P(t)	ΔP(t)/Δt
2	−5	2.867E−07	1.925E−06
3	−4.9	4.792E−07	3.141E−06
4	−4.8	7.933E−07	5.075E−06
5	−4.7	1.301E−06	8.116E−06
6	−4.6	2.112E−06	1.285E−05
7	−4.5	3.398E−06	2.015E−05
8	−4.4	5.413E−06	3.127E−05
9	−4.3	8.54E−06	4.806E−05
10	−4.2	1.335E−05	7.312E−05
11	−4.1	2.066E−05	0.0001101
12	−4	3.167E−05	0.0001643
13	−3.9	4.81E−05	0.0002425
14	−3.8	7.235E−05	0.0003545
15	−3.7	0.0001078	0.0005131
16	−3.6	0.0001591	0.0007352
17	−3.5	0.0002326	0.001043
18	−3.4	0.0003369	0.0014649
19	−3.3	0.0004834	0.0020371
20	−3.2	0.0006871	0.0028047
21	−3.1	0.0009676	0.0038229
22	−3	0.0013499	0.0051592
23	−2.9	0.0018658	0.0068932
24	−2.8	0.0025551	0.0091184

積分(−1から1まで)=B62−B42=	0.683
積分(−2から2まで)=B72−B32=	0.954
積分(−3から3まで)=B82−B22=	0.997

図4-3　エクセルの組み込み関数を使って正規分布を求める

$$= \frac{P(t+\Delta t)-P(t)}{\Delta t} \qquad (4\text{-}15)$$

となります。ここでΔtはA列のtの「刻み」です。この式は差分を使って「傾き」を求めているわけです。

(4-14) 式を微分すると

$$\frac{dP(t)}{dt} = \frac{1}{\sqrt{2\pi}} e^{-\frac{t^2}{2}} \qquad (4\text{-}16)$$

となり、微分の定義より、これは

$$\lim_{\Delta t \to 0} \frac{P(t+\Delta t)-P(t)}{\Delta t} \qquad (4\text{-}17)$$

に等しいわけです。(4-15) 式と (4-17) 式を比べると、刻み幅Δtを小さくすれば両者はほぼ等しくなることがわかります。つまり、A列の刻みΔtを小さくすることによって、C列は (4-16) 式の標準正規分布を求めているわけです。このC列をプロットしたのが図4-3中の下段のグラフです。

■「$-\sigma$からσ」と「-2σから2σ」の確率(面積)を求める

NORMSDISTを使って、「$-\sigma$からσ」と「-2σから2σ」の確率(面積)を求めてみましょう。標準正規分布ではすでに見たように$\sigma=1$です。

$x=-1$から1までの標準正規分布の積分は、次式のように2つの正規分布に分解できます。「$x=-\infty$から1までの積分」から、「$x=-\infty$から-1までの積分」を引けばよいわけです。

$$\frac{1}{\sqrt{2\pi}}\int_{-1}^{1} e^{-\frac{x^2}{2}}dx=\frac{1}{\sqrt{2\pi}}\int_{-\infty}^{1} e^{-\frac{x^2}{2}}dx-\frac{1}{\sqrt{2\pi}}\int_{-\infty}^{-1} e^{-\frac{x^2}{2}}dx$$
$$=\mathrm{NORMSDIST}(1)-\mathrm{NORMSDIST}(-1)$$

「$x=-\infty$から1までの積分値」はB62欄にあり、「$x=-\infty$から-1までの積分値」はB42欄にあるので、

$$= \mathrm{B62} - \mathrm{B42}$$
$$= 0.683$$

となります。

同様にして$x=-2$から2までの積分を求めると

$$B72-B32=0.954$$

となり、$x=-3$から3までの積分を求めると

$$B82-B22=0.997$$

となり、いずれも前々節で述べた積分値に対応しています。

エクセルの組み込み関数には、NORMSDISTの逆関数もあります。NORMSDISTは、x軸上の座標tを与えるとその累積分布関数の値を答えるというものでした。その逆関数の

$$\mathrm{NORMSINV}(P)$$

は、累積分布関数の値Pを与えると、x軸上の座標tを答えます。INVはinverse function（インバースファンクション：逆関数）の略です。

エクセルファイルの2シート目に、この関数を載せました。B2欄をクリックすると、この関数が現れます（図4-4）。

累積分布関数$P(t)$が$0.5=50\%$となるt座標は図4-3のグラフからもわかるように$t=0$ですが、この関数も図4-4のB9欄にあるように、NORMSINV（0.5）で0を与えます。

前々節で登場した95％信頼区間は、確率が0.025から0.975までの値をとる範囲ですが（$0.975-0.025=0.95=95\%$なので）、図4-4のB2欄とB16欄の座標tは-1.96と1.96であり、前々節で述べた95％信頼区間の-1.96σと

B2　f_x =NORMSINV(A2)

	A	B
1	P	t
2	0.025	−1.96
3	0.05	−1.64
4	0.1	−1.28
5	0.158655	−1.00
6	0.2	−0.84
7	0.3	−0.52
8	0.4	−0.25
9	0.5	0.00
10	0.6	0.25
11	0.7	0.52
12	0.8	0.84
13	0.841345	1.00
14	0.9	1.28
15	0.95	1.64
16	0.975	1.96

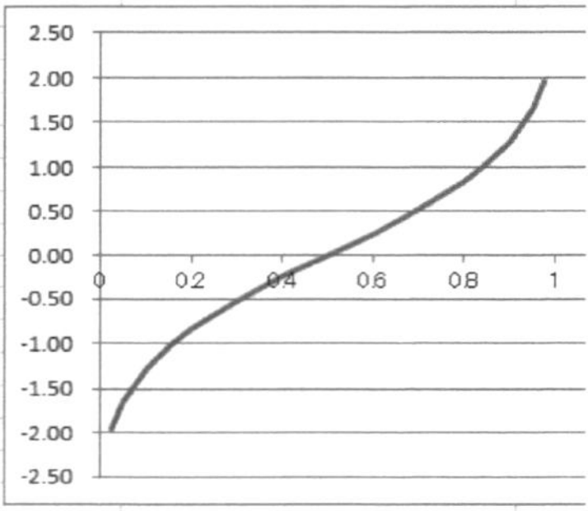

図4-4　逆関数のNORMSINV(P)

＋1.96σに対応しています（ここでは標準正規分布なので$\sigma=1$）。なお、累積分布関数の値が2.5％になるt座標を**2.5パーセント点**と呼び、累積分布関数の値が97.5％になるt座標を97.5パーセント点と呼びます。

■偏差値

日本の学校教育の現場でたびたび登場するのが、偏差値です。小学生の時から偏差値に悩まされてきた方も少なくはないでしょう。また、この偏差値と大学入試までつき合った方も相当数にのぼることでしょう。しかし、「正直に告白すると、偏差値が何なのかよくわからずに使ってきた」という方もかなりいることと思います。

この偏差値は先ほどの標準偏差と関係していて、実は簡単なものです。図4-2の上枠の目盛りをご覧ください。偏

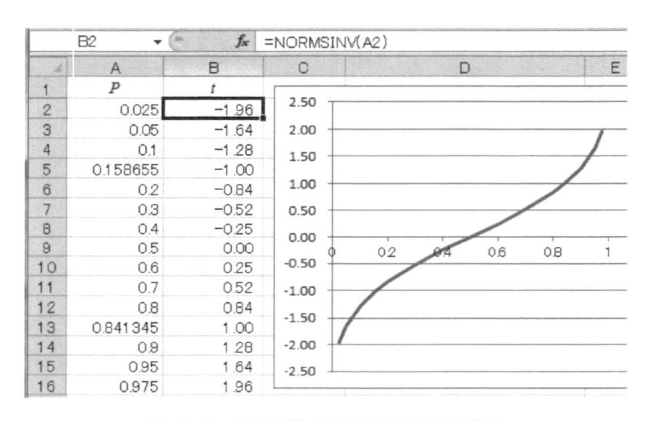

差値とは、正規分布の平均μを50とみなして、分布をわかりやすくしたもので、$\mu-\sigma$を40に、そして$\mu+\sigma$を60とした指標です。つまり、

		偏差値
$\mu-\sigma$	→	40
μ	→	50
$\mu+\sigma$	→	60

という関係に従って、新たに作った目盛りが偏差値です。したがって、偏差値70は$\mu+2\sigma$に対応します。先ほど見たように、$\mu-2\sigma$から$\mu+2\sigma$の範囲には、95.4％の人が含まれているので、これ以外の人の割合は4.6％です。したがって、$\mu-2\sigma$以下がこの半分の4.6％÷2＝2.3％で、$\mu+2\sigma$以上も2.3％であることがわかります。すなわち、偏差値70以上の人は、おおよそ50人に1人存在するということがわかります。

同様に考えると、偏差値20から80の範囲は99.7％なので、偏差値80以上は、0.15％であり1000人当たり1.5人の割合でしか存在しないことがわかります。

■標準偏差の範囲を決める不等式

標準偏差と分散の範囲を決める不等式があります。その不等式は、確率変数Xの平均をμ、標準偏差をσとし、任意の正の数をkとすると、次の式のようになります。

$$P(|X-\mu|\geqq k\sigma)\leqq\frac{1}{k^2} \quad (4\text{-}18)$$

ぱっと見ると、難しそうに見えるかもしれませんが、内容は見た目より簡単です。左辺のカッコの中の絶対値記号を外して左辺にXが来るように整理します。絶対値記号を外すには、次のように場合分けをする必要があります。

$X-\mu\geqq 0$の場合は、$X-\mu\geqq k\sigma$　なので、$X\geqq\mu+k\sigma$
$X-\mu<0$の場合は、$\mu-X\geqq k\sigma$　なので、$X\leqq\mu-k\sigma$

よって、(4-18) 式は、

$X\geqq\mu$の場合　$$P(X\geqq\mu+k\sigma)\leqq\frac{1}{k^2} \quad (4\text{-}19)$$

$X<\mu$の場合　$$P(X\leqq\mu-k\sigma)\leqq\frac{1}{k^2} \quad (4\text{-}20)$$

となります。

簡単な場合として$k=2$の場合を考えることにしましょう。この場合は、

$X\geqq\mu$の場合　$$P(X\geqq\mu+2\sigma)\leqq\frac{1}{4} \quad (4\text{-}21)$$

$X<\mu$の場合　$$P(X\leqq\mu-2\sigma)\leqq\frac{1}{4} \quad (4\text{-}22)$$

となります。(4-21) 式と (4-22) 式は、次節で証明するように分布の形に拘束されず、正規分布や一様分布でも成

り立ちます。

（4-21）式の意味は、xが$\mu + 2\sigma$以上の値をとる確率Pが4分の1（＝25%）以下になることを表しています。正規分布の場合には、この確率は図4-2の右下のグレーの部分に対応します。この確率はすでに見たように$\dfrac{100\% - 95.4\%}{2}$ですから2.3％にすぎません。25%よりは相当小さいわけで、(4-21) 式は確かに成り立っています。同じように (4-22) 式は、xが$\mu - 2\sigma$より小さい場合の確率が4分の1（＝25%）以下になることを表しています。こちらも同様に成り立っています。

この（4-18）式は、正規分布以外の分布でも成立するもので、**チェビシェフの不等式**と呼ばれています。このチェビシェフの不等式は、あとで「大数《たいすう》の法則」という統計学で最も重要な法則の証明でも役に立ちます。

■チェビシェフの不等式の証明

チェビシェフの不等式を証明してみましょう。まず、分散は（4-4）式より

$$\sigma^2 = \int_{-\infty}^{\infty} (x - \mu)^2 f(x) dx$$

となります。ここで、$(x - \mu)^2$は2乗の項なので正またはゼロであり、確率密度関数$f(x)$も正またはゼロなので、積分の中は常に正またはゼロです。上式の積分範囲は$-\infty$から$+\infty$までですが、このうち$\mu - k\sigma$から$\mu + k\sigma$までの範囲の積分を除くことにしましょう。この除いた範囲の積分も

正またはゼロなので、除いたことによって、もとの積分の値以下になります。数式で書くと

$$= \int_{-\infty}^{\mu - k\sigma} (x-\mu)^2 f(x)dx + \int_{\mu - k\sigma}^{\mu + k\sigma} (x-\mu)^2 f(x)dx$$

$$+ \int_{\mu + k\sigma}^{\infty} (x-\mu)^2 f(x)dx$$

$$\geqq \int_{-\infty}^{\mu - k\sigma} (x-\mu)^2 f(x)dx + \int_{\mu + k\sigma}^{\infty} (x-\mu)^2 f(x)dx \qquad (4\text{-}23)$$

となります。不等号があるのは、$\mu - k\sigma$から$\mu + k\sigma$までの範囲の積分を除いたことによります。

積分の中の$(x-\mu)^2$をグラフにすると、図4-5になります。関数$(x-\mu)^2$は、下に凸の2次関数です。グラフ上の$x = \mu - k\sigma$の点でのyの値は、$(x-\mu)^2 = k^2\sigma^2$なので、図か

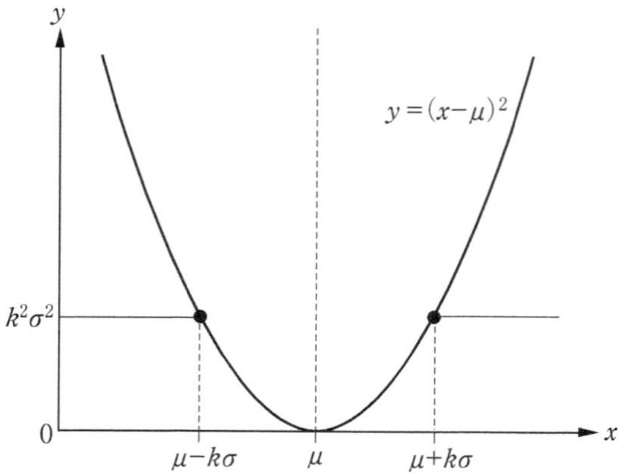

図4-5　$(\boldsymbol{x}-\boldsymbol{\mu})^2$と$\boldsymbol{k}^2\boldsymbol{\sigma}^2$の関係

らもわかるように

$$x<\mu-k\sigma \text{では、} (x-\mu)^2>k^2\sigma^2$$

です。同様に、$x=\mu+k\sigma$では、$(x-\mu)^2=k^2\sigma^2$なので、

$$x>\mu+k\sigma \text{では、} (x-\mu)^2>k^2\sigma^2$$

です。

よって、(4-23) 式に続けると

$$\text{(4-23) 式} >k^2\sigma^2\int_{-\infty}^{\mu-k\sigma}f(x)dx+k^2\sigma^2\int_{\mu+k\sigma}^{\infty}f(x)dx$$

となります。この式のそれぞれの積分は、確率$P(X<\mu-k\sigma)$と$P(X>\mu+k\sigma)$を表すので、

$$=k^2\sigma^2P(X<\mu-k\sigma)+k^2\sigma^2P(X>\mu+k\sigma)$$

となり、絶対値記号を使ってまとめると

$$=k^2\sigma^2P(|X-\mu|\geqq k\sigma)$$

となります。よって、

$$\sigma^2>k^2\sigma^2P(|X-\mu|\geqq k\sigma)$$

となります。両辺を$k^2\sigma^2$で割ると

$$P(|X-\mu|\geqq k\sigma)<\frac{1}{k^2}$$

となり、これでチェビシェフの不等式が証明できました。この証明では、「正規分布であること」は仮定していない

ので、それ以外の分布でも成り立ちます。

■チェビシェフ

チェビシェフ（1821～1894）

この不等式を生み出したパフヌティ・チェビシェフは、1821年の生まれですから、ガウスより約半世紀後に登場したロシアの数学者です。チェビシェフの父はかつて軍の士官としてナポレオン軍と戦った経歴を持っていますが、チェビシェフが生まれたときにはすでに退官していました。

子供時代、チェビシェフの家庭は裕福でした。チェビシェフは16歳でモスクワ大学に進み、主に数学と物理を学びました。確率論には在学中から興味を抱き、1841年に20歳で大学を卒業しています。1846年に修士号をとり、翌年サンクトペテルブルグ大学の教員となりました。1849年に博士号を取得しています。教員としても優秀で、学生たちに刺激的な講義をしたようです。

1852年の7月から11月には、フランス、イギリス、ドイツを歴訪しました。西欧の先進国の蒸気機関や工場などを視察するのが公的な目的でしたが、空いた時間には著名な数学者を訪問しました。フランスでは、リュービルやエルミートに会い、イギリスではケイリーとシルベスター、ドイツではディリクレらと議論を交わしました。

教授に就任したのは1860年のことです。その後も数回にわたって西ヨーロッパを訪問し、仏英独の数学者らと交流を深めながらロシアの数多くの数学者を育てました。ロシアの近代数学の父とでも呼ぶべき存在で、西ヨーロッパの主要な国々のアカデミーの会員に選ばれました。

明治維新が1867年であり、それ以後、日本の留学生たちがヨーロッパへ渡ったことを考えると、ロシアの近代数学は日本より20年から30年ほど早くスタートしたことになります。ロシアにはかつてオイラーのような大数学者が滞在し、その系統を発展させる数学者も存在していましたが、チェビシェフによってロシアの数学界に新たな息吹がもたらされることになりました。

チェビシェフは1882年に大学を退職しましたが、その後も研究を続け、亡くなったのは1894年のことでした。

■分布の形を表す指標

正規分布は、左右対称で、頭の丸い分布です。正規分布以外の分布には、左右非対称のものや、頭が尖《とが》っているもの、あるいは平たいものなどがあります。これらの分布の形を表す指標としては、**歪度**（わいど）と**尖度**（せんど、とがりど）が定義されています。

歪度は、「分布がどの程度左右にゆがんでいるか」を表す指標です。「ゆがみど」と読む場合もあります。離散的な確率変数の場合の式は、次のようなものです。

$$\frac{1}{n}\sum_i\left(\frac{x_i-\mu}{\sigma}\right)^3$$

また、連続的な確率変数の場合は

$$\int_{-\infty}^{\infty}\left(\frac{x-\mu}{\sigma}\right)^3 f(x)dx$$

です。

この両式を見ればわかるように、ポイントは3乗の項です。3乗なので、平均から大きいほうにゆがんでいる場合は正の値をとり、小さいほうにゆがんでいる場合は負の値をとります。

尖度は「分布がどの程度尖っているか」を表す指標です。歪度の式の形が3乗であったのに対して、尖度は次式のように4乗をとります。離散的な確率変数の場合は

$$\frac{1}{n}\sum_i\left(\frac{x_i-\mu}{\sigma}\right)^4$$

で、連続的な確率変数の場合は

$$\int_{-\infty}^{\infty}\left(\frac{x-\mu}{\sigma}\right)^4 f(x)dx$$

となります。分散は2乗でしたが、尖度は4乗なので、尖りぐあいのばらつきがいっそう強調されます。

特に、正規分布の尖度は、計算するとちょうど3になる

ので、ある分布の尖度が

尖度＞3 ならば正規分布より尖っている。
尖度＜3 ならば正規分布より鈍《なま》って(広がって)いる。

ということが簡単にわかります（なお、「本書の尖度から3を引いたもの」を尖度と定義する場合もあります）。

さて、本章では、正規分布という統計分布の女王を学びました。この正規分布の知識はこのあともいろいろと役に立ってくれます。次章では、身近なところで正規分布に負けないくらい活躍する二項分布とポアソン分布を見てみましょう。

18歳人口の推移

本章では偏差値が登場しましたが、大学入試の難易度は偏差値だけでなく、その年の受験者数にも依存します。受験者数が増えても大学の定員がフレキシブルに増えるわけではないので、受験者数が増えれば一般に難度は上がります。例えば、第2次ベビーブームの世代が受験を迎えた1990年代初頭の受験は、苛烈であったと推測できます。

今後の受験者数を予測するには、18歳人口を知る必要があります。筆者が2005年頃、ある委員会に出ていたとき、高等教育論の専門家の山本眞一教授（広島大学）に教えていただいたのが図の18歳人口のカーブです。カーブからわかるように、1990年代初頭に第2次ベビーブームのピークがあり、18歳人口は200万人を超えていました。しかし、そこから急激に18歳人口は減り、2010年より少し

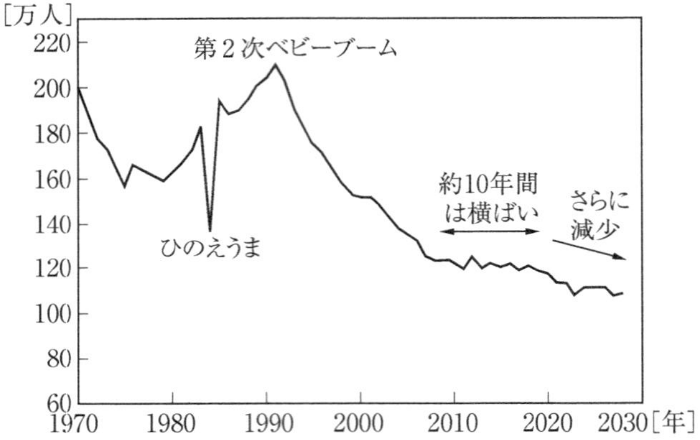

図　18歳人口の推移

厚生労働省平成22年人口動態統計による

前にピークの約6割まで減少しました。そこから約10年間は横ばいが続きますが、2020年以後はさらに減少するというのです。

大学の定員があまり変わらないと仮定すると、受験生から見た大学の難易度や、大学側から見た学生の学力レベルが変わる可能性があります。また、大学全体の定員が減らないのであれば、定員割れを起こす大学も増えることでしょう。

このカーブは、教育界にとって重要なだけでなく、その年の高卒就職者数や、その4年後の大卒者数でもあるので、産業界にとっても重要です。日本の労働力の変化を示しているからです。同時にまた、日本の若い消費者の数の変化を表しているともいえます。現在、18歳前後の消費者を主な対象とする製品があるとすると、対象年齢を変えない限り、売り上げは落ちていくでしょう。このカーブは日本の将来について様々なメッセージを与えてくれています。

第5章

視聴率20%は本当か

—— 二項分布が問題を明らかに

■視聴率20%は本当か

読者のみなさんがよく目にする統計と言えば、テレビの視聴率だと思います。サッカーのワールドカップ中継の視聴率が50%を超えたとか、あるドラマの視聴率が20%を超えたとかが様々な媒体で報じられています。テレビ局のプロデューサーやディレクター、それにタレントや俳優も視聴率に一喜一憂していると聞いたこともあります。この視聴率がどれぐらい正しいのか、統計学で考えてみることにしましょう。

この視聴率を最も正確に調べる方法は、日本の全部のテレビに視聴率を調べる装置（セットトップボックスと言うらしい）を取り付け、全部のテレビの視聴率を調べることです。個々のテレビで何の番組が見られているかという情報をセットトップボックスがキャッチし中央の情報センターに送れば、視聴率がわかります。このように全部を調べる調査を、**全数調査**と言います。

ところが、実際にはすべてのテレビにセットトップボックスを取り付けるのは不可能です。全部に付けるとなればその費用は膨大なものになるし、自分が何を見ているか知られたくない人も多数いることでしょう。というわけで、実際の視聴率調査では、数百台のテレビを調査しています。実際に調査する数百台のテレビを**標本**と呼び、標本の数を**標本の大きさ**と言います。

それでは、視聴率調査にはどれくらいの標本の大きさが必要でしょうか？　日本全体で約5000万世帯に1億台以上あるテレビのうちから、数百台を選ぶわけです。この場合、セットトップボックスの設置数が多いほど全数調査に近づくので精度が上がるだろうということは容易に想像できます。また、逆に少ないほど不正確だろうということも容易にわかります。問題は、「どれだけの標本を調べれば、どの程度正確な視聴率が得られるか」ということです。

この問題を考えるために、最も簡単な場合からスタートすることにしましょう。いきなり数百台を問題にすると大変なので、セットトップボックスを設置するテレビの数を5台としましょう。日本全国の膨大な数のテレビの中から5台を抜き出して標本として調べるというわけです。このとき、ある番組Ａの日本全体の視聴率がちょうど20％であると仮定します。視聴率20％は、もちろん北海道でも沖縄でも同じとします。この場合に「全国視聴率20％」と「標本の5台のテレビの視聴」との関係を考えましょう。「標本の大きさによって、どの程度正確な視聴率が得られるか」を知るために、あらかじめわかっている全国視聴率と、標本の視聴との関係を考えてみるのです。

このテレビ5台は日本中から無作為に選ぶことにします。この場合、番組Ａの視聴状況は次のように6通りあります。

5台とも番組Ａを視聴。
4台は番組Ａを視聴。1台は番組Ａを見ていない。
3台は番組Ａを視聴。2台は番組Ａを見ていない。
2台は番組Ａを視聴。3台は番組Ａを見ていない。

1台は番組Aを視聴。4台は番組Aを見ていない。

5台とも番組Aを見ていない。

ただしこのそれぞれの場合の数は違います。例えば、5台すべてが番組Aを見ている場合は1通りしかありませんが、5台のうち1台だけが見ている場合の数は5通りあります。1台目だけが見ている場合や、2台目だけが見ている場合などで、5通りです。また、5台のうち、1台だけ見ていない場合の数も5通りあります。これも、1台目だけが見ていない場合や、2台目だけが見ていない場合などで5通りです。

このような場合の数の計算方法は組み合わせとして高校の数学で習いました。組み合わせは、英語でcombination（コンビネーション）というので、記号はCを使います。コンビネーションはスポーツなどでもよく使われていますね。コンビネーションプレーとか。

数学のコンビネーションに戻りましょう。5つのうちから1つを選ぶ組み合わせは、${}_5C_1$と書きます。5つから2つを選ぶのであれば、${}_5C_2$です。${}_5C_1$はたんなる記号で、実際の計算は、次の式の右辺を計算します。

$$
\begin{aligned}
{}_5C_1 &= \frac{5!}{4!\,1!} \\
&= \frac{5\times4\times3\times2\times1}{4\times3\times2\times1\times1} \\
&= 5
\end{aligned}
$$

階乗（！）はこの式のように順番にその数以下の整数を1までかけます。$_5C_2$の場合は、

$$
\begin{aligned}
{}_5C_2 &= \frac{5!}{(5-2)!\,2!} \\
&= \frac{5!}{3!\,2!} \\
&= \frac{5\times4\times3\times2\times1}{3\times2\times1\times2\times1} \\
&= 10
\end{aligned}
$$

となります。n個からk個を選ぶ場合のコンビネーションの式を書くと

$$
{}_nC_k = \frac{n!}{(n-k)!\,k!}
$$

です（この式を忘れた方は、巻末の付録をご参照ください）。

組み合わせの個々の場合が現れる確率はそれぞれ違います。その確率を計算してみましょう。まず、視聴率を記号pで表すことにすると、視聴率20％は$p = 0.2$です。そこで、全国視聴率が20％のとき標本中の5台とも見ている確率は、pの5乗なので、

$$
p^5 = 0.2 \times 0.2 \times 0.2 \times 0.2 \times 0.2 = 0.00032
$$

となります。

次に少し複雑な場合として、テレビ5台のうち、2台の

テレビが番組を見ている確率を考えましょう。視聴していない確率を$q=1-p$で表すことにすると、全国視聴率が20％のとき標本中の2台のテレビが番組を見ていて、3台が見ていない確率は、

$$p^2q^3 = 0.2 \times 0.2 \times 0.8 \times 0.8 \times 0.8 = 0.2^2 \times 0.8^3 = 0.02048$$

となります。5台のうち2台見ている場合の数は

$$ {}_5C_2 = \frac{5\,!}{3\,!\,2\,!} = \frac{5\times4\times3\times2\times1}{3\times2\times1\times2\times1} = 10$$

なので、

$$ {}_5C_2 p^2 q^3 = 10 \times 0.2^2 \times 0.8^3 = 0.2048$$

になります。

これらの例からわかるように、ここではそれぞれの確率を次式で書くことができます。

$$ {}_nC_k p^k q^{n-k}, \quad p = 1-q, \;\; k = 0, 1, \cdots, n \qquad (5\text{-}1)$$

ここで、nは調べるテレビの台数で、kは〝ある番組〟を見ている台数で、$n-k$は見ていない台数です。この（5-1）式の分布を**二項分布**と呼び$B(n,\ p)$で表します。二項分布の英語はbinomial distributionです。biは「2つの」という意味です。

ここでの例は、テレビを見ているかいないか調べるというもので、それぞれのテレビを見ているかどうかは独立な事象です。このような「見ているか見ていないか」や「成

ベルヌーイ（1654～1705）

功か失敗か」や「コインの表か裏か」のような二者択一の試行（同時には起こらないが、必ずどちらかが起こる）を**ベルヌーイ試行**と呼びます。ベルヌーイと名のつく有名な数学者は複数いますが、それは18世紀のスイスを中心にして数世代にわたってベルヌーイ家から次々と天才が現れたからです。ここでのベルヌーイは、ヤコブ・ベルヌーイです。物理学の分野では、流体力学の「ベルヌーイの定理」が有名ですが、こちらはヤコブの甥のダニエル（1700～1782）が発見しました。

さて、全国視聴率20％のとき、二項分布を5台すべてが見ている確率から、すべて見ていない確率まで計算してグラフにすると、図5-1のようになります。5台のうち1台が見ている（視聴率20％に相当する）確率が最も高く40％を超えるものの、そうでない場合もかなり高い確率で現れます。例えば、先ほど計算した「全国視聴率が20％のとき、標本中の2台だけが見ている確率（標本の視聴率は40％に相当する）」は、20.48％（＝0.2048）という比較的高い値でした。つまり、標本の大きさがわずか5台の調査

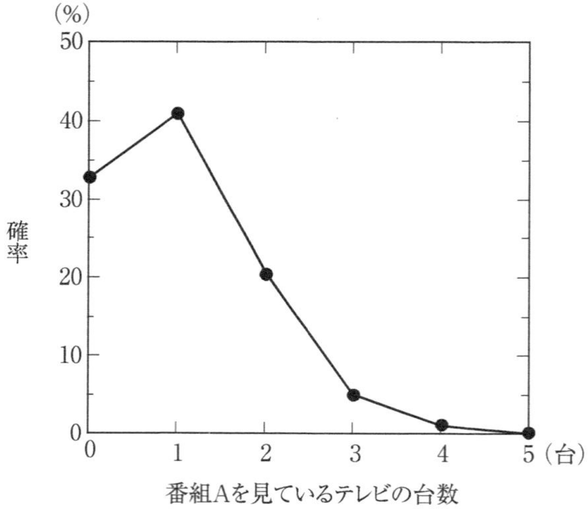

図5-1　視聴率20%の番組Aを見ているテレビの台数の確率分布
調査台数が5台の場合

では、高い精度で視聴率は測定できないということになります。

■標本の大きさを100に増やすと

では、どれぐらいの標本の大きさがあれば、視聴率は信用できるのでしょうか。標本の大きさを100に増やしてみましょう。このときの計算は数が大きくなるだけで、それ以外は先ほどの例と計算方法は同じです。図5-2がその結果です。

調査を1回したとすると、20台のテレビが見ていたとい

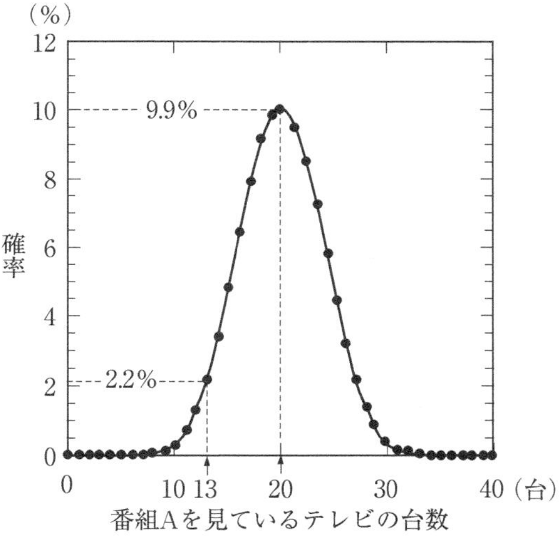

図5-2　視聴率20%の番組Aを見ているテレビの台数の確率分布
調査台数が100台の場合

う調査結果（100台のうちの20台なので視聴率20％に相当する）が出る確率は9.9％ですが、13台のテレビが見ていたという調査結果（視聴率13％に相当する）が出る確率も2.2％もあることがこの図からわかります。このように標本の大きさが5から100に増えると、全国視聴率の20％に近い調査結果が出る確率が高まることがわかりますが、20％以外の調査結果が出る確率もゼロではありません。図5-1よりは信頼性は増したものの、まだまだ不十分であるわけです。

■ド・モアブル－ラプラスの定理

さらに標本の大きさnを増やした場合を考えてみましょう。ただし、nが大きい場合は、${}_nC_k$の計算は簡単ではなくなります。というのは、$n!$が計算できなくなるからです。表計算ソフトなどでも$n=200$の計算はできない場合が多いようです。では、どうやって計算すればよいのでしょうか。

このような場合に実に都合のよい関係があります。それは**ド・モアブル－ラプラスの定理**というものです。図5-2の$n=100$の曲線の形をよく見てみましょう。何かに似ていないでしょうか。そうです、正規分布に似ています。

ド・モアブル－ラプラスの定理は、

nが大きいときには、二項分布$B(n, p)$は
正規分布$N(np, npq)$で近似できる

というもので、正規分布の平均をmとし、標準偏差をsとすると

$$m = np$$
$$s^2 = npq = np(1-p)$$

の関係が成り立つというものです（証明は少し複雑なので割愛します）。図5-2の例では、$n=100,\ p=0.2$の二項分布は、この定理を使うと正規分布$N(20, 16)$の形とほとんど同じとなり、実際に計算してプロットすると図5-2上ではこの正規分布と二項分布はほぼ完全に重なります。

このド・モアブル－ラプラスの定理を使って$n=1000$

の場合を計算してみましょう。$p = 0.2$だと、正規分布の平均が$np = 200$となり、分散が$npq = 160$となります。この正規分布をグラフにすると、図5-3になります。ピークは図5-2に比べるとかなり鋭くなっていますが、それでも有限の幅を持っています。標準偏差が$\sqrt{npq} = \sqrt{160} = 12.6$であるため、平均値から標準偏差の大きさ程度にずれた$200 - 12 = 188$台（視聴率18.8％に相当する）や$200 + 12 = 212$台（視聴率21.2％に相当する）という調査結果になる可能性も小さくないことがわかります。

「見ている台数の標準偏差s」を、「標本の大きさn」で割

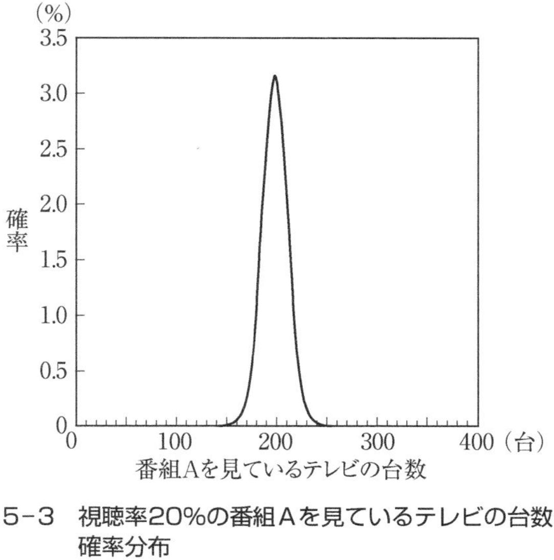

図５－３　視聴率２０％の番組Ａを見ているテレビの台数の確率分布

調査台数が1000台の場合

ると「視聴率の標準偏差」になります。

$$\frac{s}{n}=\frac{\sqrt{npq}}{n}=\sqrt{\frac{pq}{n}}=\sqrt{\frac{p(1-p)}{n}} \qquad (5\text{-}2)$$

この例では見ている台数の標準偏差は12.6台なので、これを標本の大きさの1000台で割ると視聴率の標準偏差は1.26％になります。したがって、標本の大きさが1000台の視聴率調査で、ある番組の視聴率が前週より1％上がったとしても、それは誤差の範囲内であって、実際に視聴者の数が1％増えたとは言えないことがわかります。

前章で見たように正規分布の95％信頼区間は、「平均－1.96×標準偏差」から「平均＋1.96×標準偏差」までです。したがって、視聴率調査の95％信頼区間は（5-2）式を使って

$$\text{平均}-1.96\times\sqrt{\frac{p(1-p)}{n}} \quad \text{から} \quad \text{平均}+1.96\times\sqrt{\frac{p(1-p)}{n}}$$

となります。1000台の標本調査での全国視聴率20％の場合の95％信頼区間を計算してみると、「17.52％から22.48％」となり、約5％もの幅があることがわかります。

同様に全国視聴率が1％から30％の場合も計算すると、

全国視聴率	95％信頼区間		
1％	0.38％	から	1.62％
5％	3.65％	から	6.35％
10％	8.14％	から	11.86％

15％	12.79％	から	17.21％
20％	17.52％	から	22.48％
25％	22.32％	から	27.68％
30％	27.16％	から	32.84％

となります。このように信頼区間の幅はかなり広くなっています。

信頼区間の「信頼」は、このような統計調査を100回行うと、95回はこの範囲に収まることが信頼できることを意味します。一方、100回のうち5回は、この信頼区間から外れた調査結果を与えることになるので注意しましょう。なお、日本で実際に行われている視聴率調査の標本の大きさは600台程度のようです。この1000台の例よりも精度が落ちるわけですから、視聴率1％の変動に一喜一憂するのはほとんど意味がないことがわかります。

■ド・モアブル

ド・モアブル－ラプラスの定理は、たんに二項分布を正規分布で置き換えるという「近似の手段」として重要なだけでなく、数学的にはもっと重要な意味を持っています。というのは、ド・モアブルがこの定理を導いたとき、世の中にはまだ正規分布が存在していなかったからです。正規分布はガウスの活躍によって有名になり、ガウス分布とも呼ばれています。しかし、最初に正規分布を導いたのは、ガウスではなくド・モアブルでした。

アブラム・ド・モアブルは1667年にフランスに生まれ

ました。ガウスより110年も早く生まれています。フランス生まれなのだから当然フランスで活躍したのだろうと思いがちですが、20歳のころにイギリスに亡命しています。当時のフランスのキリスト教は、カトリック以外にカルヴァンによる新教も浸透していて、ド・モアブルは新教徒でした。当時、新教徒はフランスの人口の約1割を占めていたそうです。ド・モアブルが生まれる約70年前にフランス王アンリ4世が新教徒にもカトリックとほぼ同等の権利を与えるナントの勅令を発布してから両派は共存していたのですが、1685年にルイ14世はナントの勅令を廃止しました。この年に18歳だったド・モアブルは当時パリに出て物理と数学を学んでいましたが、新教徒であるため、やがてイギリスに亡命しました。

イギリスでは、ニュートン（1642～1727）の著書『プリンキピア』を独学し、ハレー彗星で有名なハレーと知り合いとなり、やがてニュートンとも知り合いになりました。外国人であるためか、公的な教職には就くことができず、コーヒーハウスで数学の個人教授をしたりしながら生計をたてました。経済的には恵まれなかったようです。しかし1697年の30歳のときに王立協会のフェローに選ばれているので、早くから一流の数学者として認められていたことがわかります。40代以降は、確率に関する著書も多く出版しました。nが大きい場合に二項分布から正規分布を導けることは、1733年の論文で発表しました。ド・モアブルはまた、複素数に関するド・モアブルの定理も有名です。他に、生命保険の余命表を考案したことなどの業績

The University of York, Department of Mathematics, PORTRAITS OF STATISTICIANS

ド・モアブル（1667～1754）

もあります。87歳という長命であり、没年まで研究を続けました。

■確率pが小さい二項分布、それはポアソン分布

二項分布と密接に関係していて、活躍の場が多い分布に**ポアソン分布**があります。ポアソン分布は、(5-1) 式の二項分布で確率pが極めて小さい場合に相当します。二項分布、正規分布、ポアソン分布の関係は、図5-4のようになります。

ポアソン分布の理解のために、次のような問題を考えましょう。ある電化製品（例えばテレビ）の故障率が1000台当たり1台だったとします。あなたは、ある大規模な家電量販店の仕入れ担当者だったとして、テレビを2000台仕入れたとします。はたして何台の故障を想定して、製品

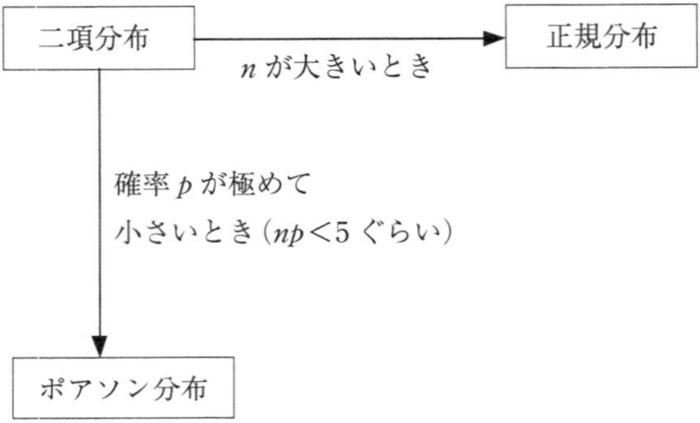

図 5-4　二項分布、正規分布、ポアソン分布の関係

の修理・回収費用を計上しておけばよいのでしょうか。

故障率が$\frac{1}{1000}$で、2000台購入ですから、単純に考えると2台故障すると考えればよいように思われます。この問題をまず、ポアソン分布ではなく二項分布を使って考えてみましょう。場合に分けて考えます。例えば、2000台のうち1台も故障しない確率は、1台故障する確率が$\frac{1}{1000}$なので、二項分布より

$$
\begin{aligned}
{}_{2000}C_0\left(\frac{1}{1000}\right)^0\left(1-\frac{1}{1000}\right)^{2000} &= {}_{2000}C_0 \times 0.999^{2000} \\
&\approx \frac{2000!}{2000!\,0!} \times 0.1352 = 0.1352
\end{aligned}
$$

です。$0.999^{2000} = 0.1352$は関数電卓や表計算ソフトを使えば求まります。

また、1台が故障する確率は、二項分布より

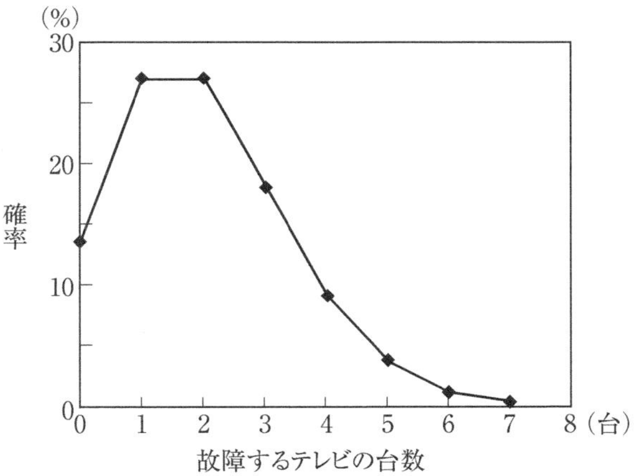

図 5-5　故障するテレビの台数の確率分布

$$
{}_{2000}C_1\left(\frac{1}{1000}\right)^1\left(1-\frac{1}{1000}\right)^{2000-1} = {}_{2000}C_1 \times 0.001 \times 0.999^{1999}
$$

$$
\approx \frac{2000\,!}{1999\,!\,1\,!} \times 0.001 \times 0.1353
$$

$$
= 2000 \times 0.001 \times 0.1353 = 0.2706
$$

となります。

同様に台数ごとに計算した結果が、図5-5です。1台故障する場合や2台故障する場合の確率がいちばん高くて27％で、それより故障するテレビの台数が多くなると、確率はどんどん下がります。1台も故障しない確率が13.5％もあるというのも、面白い特徴です。

この求められた確率を使って、故障するテレビの台数の期待値を求めてみると、

$$0.1352 \times 0台 + 0.2706 \times 1台 + \cdots = 2台$$

になります。図5-5では7台までしかプロットしていませんが、8台以上の故障の期待値も計算して加える必要があります。「故障率0.1％で2000台購入なので、2台故障する」と本節の冒頭で考えたのはもちろん正しかったわけです。ただし、図5-5では、故障する台数ごとの確率が求められたわけですから、より詳しい情報が得られたことになります。

■二項分布をポアソン分布で近似する

さてこのようにnが十分に大きくて、一方、pが十分小さいときには、二項分布をポアソン分布で近似できます。このときの条件はnpがあまり大きくないことで、目安としては$np<5$ぐらいの場合にこの近似が成立します。このnpを新しい変数$\lambda \equiv np$を使って書くことにすると、ポアソン分布は次式で与えられます。

$$p_k = e^{-\lambda}\frac{\lambda^k}{k!},\quad k=0,\ 1,\ 2,\ \cdots \qquad (5\text{-}3)$$

元の二項分布の${}_nC_k p^k q^{n-k}$の計算において、pが十分小さいときには、kは10ぐらいまで計算すればよかったわけですが（pの100乗などは0とみなせます）、それはここでも同じです。

このポアソン分布のメリットは、二項分布に比べて実際に数値を入れた計算が簡単なことです。前節の二項分布の計算で見た0.999^{1999}のような大きなべき乗の計算などは出てきません。kが10（大きくても100ぐらい）程度までの比較的小さな整数なので、λ^kや$k!$の計算量はともにかなり少なくなります。計算量が少なくても、グラフにすると、図5-5では二項分布のカーブとほぼ完全に重なります。

ポアソン分布の実例として最初に有名になったのは、プロシア陸軍で馬に蹴られて亡くなった兵士の数でした。馬に蹴られて亡くなる確率はかなり小さいのですが、何万人も兵士がいると、ゼロではない有限の数で事故が起こります。現在の社会では、先ほど例に上げた家電製品のような工業製品の故障数や、成功率の小さい商談（超高額商品や不動産取引など）の成約数などでもポアソン分布があてはまります。社会の身近なところで起こる現象に適用できる極めて実用的で有用な分布です。

■ポアソン分布の導出

二項分布からどうやってポアソン分布が導けるのかを、見てみましょう。まず、(5-3) 式で導入した変数λを使うと、pとqは次のように書けます。

$$p=\frac{\lambda}{n},\quad q=1-p=1-\frac{\lambda}{n}$$

次に（5-1）式の二項分布にこのpとqを代入すると、

$$ {}_nC_kp^kq^{n-k}=\frac{n(n-1)\cdots(n-k+1)}{k\,!}p^kq^{n-k} $$

$$ =\frac{n(n-1)\cdots(n-k+1)}{k\,!}\cdot\left(\frac{\lambda}{n}\right)^k\left(1-\frac{\lambda}{n}\right)^{n-k} $$

$$ =\frac{\lambda^k}{k\,!}\cdot\frac{n(n-1)\cdots(n-k+1)}{n^k}\cdot\left(1-\frac{\lambda}{n}\right)^{n-k} $$

$$ =\frac{\lambda^k}{k\,!}\cdot\frac{n}{n}\cdot\frac{n-1}{n}\cdot\cdots\cdot\frac{n-k+1}{n}\cdot\left(1-\frac{\lambda}{n}\right)^n\left(1-\frac{\lambda}{n}\right)^{-k} $$

$$ =\frac{\lambda^k}{k\,!}\cdot 1\cdot\left(1-\frac{1}{n}\right)\cdots\left(1-\frac{k-1}{n}\right)\left(1-\frac{\lambda}{n}\right)^{-k}\left(1-\frac{\lambda}{n}\right)^n \quad (5\text{-}4) $$

となります。ここで、nは十分大きく（例えば、1000以上）、一方kやλは大きくても10程度です。なので、

$$ 1-\frac{1}{n}\approx 1,\ \ 1-\frac{k-1}{n}\approx 1,\ \ \left(1-\frac{\lambda}{n}\right)^{-k}\approx 1 $$

が成り立つことがわかります。(5-4) 式で、大きな値を持って残りそうな項は

$$ \left(1-\frac{\lambda}{n}\right)^n $$

だけです。これは、$\dfrac{\lambda}{n}$は小さいのですが、n乗するので（nはとても大きな数）、1に収束するとは言えないわけです。よって、

$${}_nC_k p^k q^{n-k} \approx \frac{\lambda^k}{k\,!}\left(1-\frac{\lambda}{n}\right)^n$$

となります。次に$\left(1-\frac{\lambda}{n}\right)^n$を分解して、値の大きなものから拾いましょう。すると、

$$=\frac{\lambda^k}{k\,!}\left(1-\frac{\lambda}{n}\right)\left(1-\frac{\lambda}{n}\right)\cdots\left(1-\frac{\lambda}{n}\right)$$

$$=\frac{\lambda^k}{k\,!}\left(1-{}_nC_1\times\frac{\lambda}{n}+{}_nC_2\left(\frac{\lambda}{n}\right)^2-{}_nC_3\left(\frac{\lambda}{n}\right)^3+\cdots\right)$$

$$=\frac{\lambda^k}{k\,!}\left(1-\lambda+\frac{n(n-1)}{2}\left(\frac{\lambda}{n}\right)^2-\frac{n(n-1)(n-2)}{3\,!}\left(\frac{\lambda}{n}\right)^3+\cdots\right)$$

$$=\frac{\lambda^k}{k\,!}\left(1-\lambda+\frac{n(n-1)}{2n^2}\lambda^2-\frac{n(n-1)(n-2)}{3\,!\,n^3}\lambda^3+\cdots\right)$$

$$=\frac{\lambda^k}{k\,!}\left(1-\lambda+\frac{1}{2}\,\frac{n-1}{n}\lambda^2-\frac{1}{6}\,\frac{n-1}{n}\,\frac{n-2}{n}\lambda^3+\cdots\right) \qquad (5\text{-}5)$$

となります。1行目から2行目への変形はわかりにくいかもしれませんが、nが小さい場合の計算をしてみると容易に確かめられます。例えば、$n=2$の場合では、

$$\left(1-\frac{\lambda}{2}\right)\left(1-\frac{\lambda}{2}\right)=1-{}_2C_1\frac{\lambda}{2}+{}_2C_2\left(\frac{\lambda}{2}\right)^2$$

となりますが、この関係が$n=1000$などの場合にも成り立つわけです。

さて、(5-5) 式の最後の行では、nは大きい数なので、$\frac{n-1}{n}=1-\frac{1}{n}\approx 1$, $\frac{n-2}{n}=1-\frac{2}{n}\approx 1$が成り立ちます。よって、

$$(5\text{-}5)\text{ 式} \approx \frac{\lambda^k}{k\,!}\left(1-\lambda+\frac{1}{2}\lambda^2-\frac{1}{6}\lambda^3+\cdots\right) \qquad (5\text{-}6)$$

となります。

さて、かなりまとまった形になりました。このカッコの中の項は、実はある関数に等しいのです。それは、指数関数です。と言っても、「指数関数とは似ても似つかない」と思う方がほとんどでしょう。高校数学の範囲外で大学1年生で習う数学にテイラー展開というものがあります。これは、関数$f(x)$をxで展開する方法で、指数関数の場合は、次の式のようになります（付録参照)。

$$\begin{aligned} e^x &= \sum_{m=0}^{\infty}\frac{1}{m\,!}x^m \\ &= 1+x+\frac{1}{2}x^2+\frac{1}{6}x^3+\cdots \end{aligned}$$

これに、$x=-\lambda$を代入すると、

$$\begin{aligned} e^{-\lambda} &= \sum_{m=0}^{\infty}\frac{1}{m\,!}(-\lambda)^m \\ &= 1-\lambda+\frac{1}{2}\lambda^2-\frac{1}{6}\lambda^3+\cdots \end{aligned}$$

となります。これは先ほどの（5-6）式のカッコの中の式と同じなので、

$$(5\text{-}6)\ 式 = e^{-\lambda}\frac{\lambda^k}{k!},\ \ k=0,\ 1,\ 2,\ \cdots$$

が得られます。これで、二項分布はポアソン分布に変身したわけです。

■ポアソン

ポアソン分布を導いたシメオン・ポアソンは、1781年のフランス生まれです。早くから数学の才能を示し、フランス革命の後で設立されたエコール・ポリテクニクに1798年に入学しました。エコール・ポリテクニクは、1794年に開校したフランスの最高峰の理工系学校で、ラグランジュ、ラプラスやフーリエなどの優れた数学者たちが集まっていました。ポアソンは在学中から彼らの注目を集めるほどの高い数学的な能力を示しました。1806年から数年間は、エコール・ポリテクニクでフーリエのあとの教授を務めました。フーリエはナポレオンに気に入られ、グルノーブルに知事として赴任したのでポストが空いたのです。その後、1809年にパリ大学の教授となり、1815年からはエコール・ポリテクニクに戻りました。パリのアカデミー会員に選ばれたのは1812年のことです。

数学と物理学の両分野で活躍しながら、1825年には男爵になり、1830年の7月革命の後には貴族院議員になりました。電磁気学でポテンシャルを導くポアソン方程式にも名を残しています。ポアソン分布を発表したのは、1838年のことです。亡くなったのはその2年後の1840年のこと

ポアソン（1781～1840）

でした。

さて、本章では二項分布とポアソン分布の知識を身に付けました。また、二項分布と正規分布の関係や、二項分布とポアソン分布の関係もなかなか面白いものでした。

前章では、母集団を対象とした統計学を学びました。母集団の持つ性質を平均や分散などの統計量を使って記述する統計学を、**記述統計学**と呼びます。しかし、本章で見た視聴率調査のように、母集団全体を調べるのではなく、限られた数の標本だけを調べるという統計調査も多数あります。この場合は、「母集団の大きさ」よりはるかに少ない「標本の大きさ」のデータで母集団の統計的な性質を推測する必要が生じます。そのような統計学を**推測統計学**と呼びます。推測統計学では、仮説検定や推定と呼ばれる手法を駆使します。次章ではそれらの基となる標本の性質について見てみましょう。

ハインリッヒの法則

ポアソン分布の有名な実例にプロシア陸軍で馬に蹴られて

亡くなった兵士の数があると述べましたが、このように人の生死に関わるものを重傷事故と呼びます。日本の製造業の多くでは、新入社員の入社後に安全衛生教育を行っています。この教育では最初に「ハインリッヒの法則」を学びます。これは図のようなピラミッドの絵で説明され、ピラミッドの最上段が重傷事故です。その次の中段が軽傷事故で下段が無傷事故です。重傷事故の比率を１とすると、軽傷事故の割合が29で、無傷事故の割合が300です。これはアメリカの損害保険会社につとめていたハインリッヒによる1929年の報告に基づくものです。

このハインリッヒの法則で重要なことは、もし１件の重傷事故をなくしたいのなら、この三角形全体の面積を減らす必要があるということです。例えば、生死に関わる交通事故１件に対して、29件の軽傷事故があり、300件の無傷事故（バンパーに傷がついたとか）があると考えます（実際の数値は正確に統計を取れば少し違うと思います）。１件の重傷

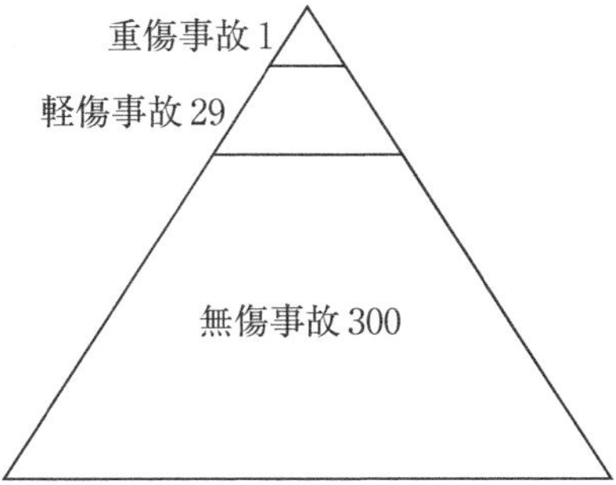

図　ハインリッヒの法則

事故をなくすためには、軽傷事故や無傷事故も減らす対策（つまり、総合的な交通安全対策）をとらなければならないと考えるわけです。

犯罪防止の場合も同様です。「車の窓ガラスが割れていると車の部品の窃盗が容易に起こる」という心理学実験に基づいて、軽微な環境の悪化が軽犯罪を誘発し、軽犯罪が重大犯罪を誘発すると想定する理論を「割れ窓理論」と言います。1980年代から90年代のニューヨークでは、「割れ窓理論」の提唱者のケリングの助言に基づき、最初は地下鉄で落書きの防止と無賃乗車などの違反の摘発の強化で、車内犯罪を激減させることに成功しました。次いでジュリアーニ市長が登場してからは、ニューヨーク全域の軽微な犯罪にも目を光らせることで、重大犯罪までも激減させることに成功しました。これらもハインリッヒの法則の適用例であると言えます。

第6章

標本の統計学

——母集団にどう近づくのか

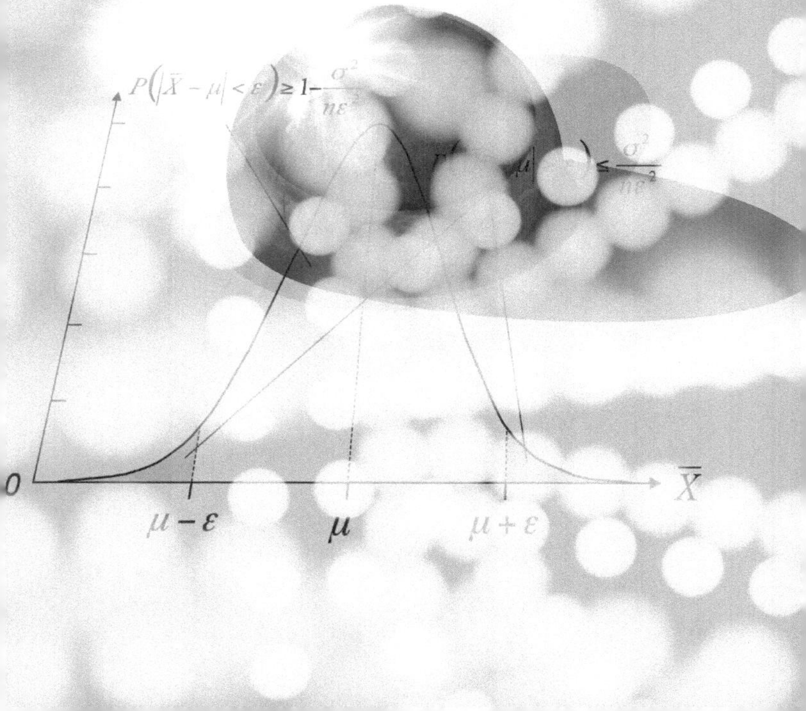

■標本の平均の期待値（平均）

日本人全体を対象とする世論調査や視聴率調査を考えたとき、この日本人全体を**母集団**と呼びます。しかし、前章でも述べたように、実際にはそれらの母集団全部を調べる（**全数調査**と言う）と経費が膨大になるので、かなり少ない数の人を母集団から無作為に抽出して**標本**（サンプル）として調査します。これを**標本調査**と呼び、標本の集団を**標本集団**と呼びます。この場合の標本の大きさは、視聴率調査では数百世帯で、世論調査などでは数千人から数万人規模です。このように母集団すべてを調査できない場合は、標本集団から得られるデータを使って、母集団の性質を推定する必要があります。この統計学は前章の最後で述べたように**推測統計学**と呼びます。

推測統計学の標本の調査で重要なことは、**無作為抽出**であることです。例えば、政府の政策に反対しそうな人ばかり（あるいは、賛成しそうな人ばかり）を作為的に標本として選んで世論調査をしたとすると、当然ながらその調査結果は日本全体の世論とは異なる結果になるでしょう。無作為抽出を英語ではrandom samplingと呼びます。言葉のとおりに、ランダムに（＝でたらめに）サンプリングする（＝標本を採る）ことを意味しています。無作為抽出という前提が崩れると、推測統計学の足場が崩れてしまうので注意しましょう。

■母集団と標本の関係

母集団と標本の関係を見てみましょう。例として、第4

章で取り上げた図4-1の平成20年度の17歳男子の身長について考えましょう。この場合の母集団は、日本の17歳男子全員です。図4-1の縦軸は、各身長の人数を母集団の大きさ（17歳男子の総数）で割ってパーセント表示に直してあります。これを統計値を表す分布として見ると、当然ながら「ある身長（cm）の男子学生が何パーセントいるか」を表しているわけです。

一方、この分布を確率分布（確率を表す分布）として見ることもできます。どのような確率かというと、この母集団の中から無作為に1人を標本として抜き出した場合の（身長の）確率です。例えば、1人を標本として抜き出して身長を測った場合に、その身長がx_i（165cmや175cmの値）である確率p_iは、図4-1の縦軸のパーセントと同じであるわけです。したがって、統計分布は確率分布でもあるということを頭の中に入れておきましょう。

さて、標本の1人を抜き出す場合に、この標本の身長を確率変数Xで表すことにします。この1人の身長の期待値がいくらであるかというと、これは図4-1の母集団から選ぶわけですから、

$$E(X) \equiv \sum_i x_i p_i$$

となります。これは母平均（母集団の平均）の式と同じなので、

$$（1人の）標本の期待値 = \sum_i x_i p_i = 母平均\mu \qquad (6\text{-}1)$$

となります。また、同じく分散に関しても、母集団の中から無作為に1人を標本として抜き出した場合の分散は

$$V(X) = E[(X-\mu)^2] = \sum_i (x_i - \mu)^2 p_i$$

です。これは母分散（母集団の分散）の式と同じなので、

$$（1人の）標本の分散 = \sum_i (x_i - \mu)^2 p_i = 母分散\sigma^2 \qquad (6\text{-}2)$$

となります。読者の中のある割合の方は、筆者はなぜこんな当たりまえのことをくどくど書いているのだろうとお思いになるかもしれませんが、ここを誤解すると話がわからなくなる恐れがあります。

ここで、標本の確率変数の期待値や分散は、

標本1個を取り出して1回だけ測った実測値ではない

ことに注意しましょう（実測値との関係は付録参照）。

■標本の平均

第1章では、「母集団の平均」の期待値を扱いましたが、ここでは「標本の平均」の期待値を求めてみましょう。簡単な例として、17歳男子の中から3人を抜き出してその体重を量るという場合を考えます。それぞれの体重を

表す確率変数をX_1, X_2, X_3とします。また、3人の体重の平均を、$\overline{X}$と書くことにすると、

$$\overline{X}=\frac{X_1+X_2+X_3}{3}$$

です。この$\overline{X}$を**標本平均**と呼びます。

この標本平均$\overline{X}$の期待値$E(\overline{X})$を計算しましょう。平均と分散が（1-2）式の$E(X)=\sum_i x_i p_i$と（1-4）式の$V(X)=\sum_i (x_i-\mu)^2 p_i$で表されることは母集団でも標本集団でも同じなので、平均の加法性の（2-5）式や、独立な確率変数の分散の加法性の（2-7）式も、同じように成り立ちます。よって、(2-5）式の$E(k_1X+k_2Y)=k_1E(X)+k_2E(Y)$を使うと、

$$E(\overline{X})=E\left(\frac{X_1+X_2+X_3}{3}\right)$$
$$=\frac{1}{3}E(X_1)+\frac{1}{3}E(X_2)+\frac{1}{3}E(X_3)$$

となり、(6-1）式から

$$=\frac{1}{3}\mu+\frac{1}{3}\mu+\frac{1}{3}\mu$$
$$=\mu \qquad (6\text{-}3)$$

となります。確率変数が3個以外のとき（一般的なn個のとき）にも（6-3）式が成り立つことは、3をnに置き換えて同様に考えてみればわかります。

標本平均$\overline{X}$のように、標本のデータに基づく統計量であって、**母数**を推定する量を**推定量**と呼びます。母数とは母集団の特性を表す量で、この場合は母平均です（日常会話では母数を「分数の分母」の意味で使うことがありますが、統計学では意味が異なります）。(6-3) 式では、この推定量（標本平均）の期待値をとると母平均と同じになりましたが、このように期待値をとると母数と同じ値になる推定量を**不偏推定量**と呼びます。

■標本の平均の分散は？

次に、標本平均の分散

$$V(\overline{X}) \equiv E[(\overline{X}-\mu)^2] \qquad (6\text{-}4)$$

がどのような値になるかも見ておきましょう。(2-7) 式の$V(k_1X+k_2Y)=k_1{}^2V(X)+k_2{}^2V(Y)$を使います。すると、

$$V(\overline{X})=V\left(\frac{X_1+X_2+X_3}{3}\right)$$
$$=\frac{1}{9}V(X_1)+\frac{1}{9}V(X_2)+\frac{1}{9}V(X_3)$$

となり、(6-2) 式から

$$=\frac{1}{9}\sigma^2+\frac{1}{9}\sigma^2+\frac{1}{9}\sigma^2$$
$$=\frac{\sigma^2}{3}$$

となります。ここでは、母分散の$\frac{1}{3}$になっていることに

注意しましょう。標本の大きさを3からnに変えて同様に計算すると、次式が成り立つことがわかります。

$$V(\overline{X})=\frac{\sigma^2}{n} \qquad (6\text{-}5)$$

標本平均の分散が、母分散の$\frac{1}{n}$になるということは、とても大事なことです。なぜなら、標本の大きさnを大きくするほど、分散$\frac{\sigma^2}{n}$は小さくなるので、より高い精度で標本平均は母平均の値に近づくからです。これは言い換えると、nが大きくなると「標本の大きさ≈母集団の大きさ」に近づくので、そもそも「標本平均≈母平均」になることを表しています。

■標本分散と不偏（標本）分散

標本調査では、母平均の値はわからず、標本平均の値だけが得られるのが普通です。(1-4) 式の分散では、母平均μからのずれを表しましたが、母平均の値がわからない場合は、標本平均$\overline{X}$からのずれを表す**標本分散**を考えざるをえないでしょう。n個の標本からなる標本分散S^2は、次式で定義されます。

$$S^2\equiv\frac{1}{n}\sum_{i=1}^{n}(X_i-\overline{X})^2 \qquad (6\text{-}6)$$

μが$\overline{X}$に置き換わっています。この標本分散の期待値

$$E\left[\frac{1}{n}\sum_{i=1}^{n}(X_i-\overline{X})^2\right] \tag{6-7}$$

を計算してみましょう。この期待値の計算では、まず、(6-6) 式のΣの中の項を、母平均μを使った次の式

$$X_i-\overline{X}=X_i-\mu-(\overline{X}-\mu)$$

を使って変形します。すると、

$$\sum_{i=1}^{n}(X_i-\overline{X})^2=\sum_{i=1}^{n}\{X_i-\mu-(\overline{X}-\mu)\}^2$$

$$=\sum_{i=1}^{n}\{(X_i-\mu)^2-2(X_i-\mu)(\overline{X}-\mu)+(\overline{X}-\mu)^2\}$$

$$=\sum_{i=1}^{n}(X_i-\mu)^2+\sum_{i=1}^{n}(\overline{X}-\mu)^2-2\sum_{i=1}^{n}(X_i-\mu)(\overline{X}-\mu)$$

$$=\sum_{i=1}^{n}(X_i-\mu)^2+\sum_{i=1}^{n}(\overline{X}-\mu)^2$$

$$-2\sum_{i=1}^{n}X_i\overline{X}+2\sum_{i=1}^{n}X_i\mu+2\sum_{i=1}^{n}\overline{X}\mu-2\sum_{i=1}^{n}\mu^2$$

$$=\sum_{i=1}^{n}(X_i-\mu)^2+n(\overline{X}-\mu)^2-2n\overline{X}^2+2n\mu\overline{X}+2n\mu\overline{X}-2n\mu^2$$

($\sum_{i=1}^{n}X_i=n\overline{X}$ より)

$$=\sum_{i=1}^{n}(X_i-\mu)^2+n(\overline{X}-\mu)^2-2n(\overline{X}-\mu)^2$$

$$=\sum_{i=1}^{n}(X_i-\mu)^2-n(\overline{X}-\mu)^2 \tag{6-8}$$

となります。これを（6-7）式に代入すると、

$$
(6\text{-}7)\text{式} = E\left[\frac{1}{n}\sum_{i=1}^{n}(X_i-\mu)^2-(\overline{X}-\mu)^2\right]
$$

となり、期待値の加法性の（2-5）式から

$$
\begin{aligned}
&= E\left[\frac{1}{n}\sum_{i=1}^{n}(X_i-\mu)^2\right]-E\left[(\overline{X}-\mu)^2\right] \\
&= \frac{1}{n}E\left[(X_1-\mu)^2+\cdots+(X_n-\mu)^2\right]-E\left[(\overline{X}-\mu)^2\right] \\
&= \frac{1}{n}E\left[(X_1-\mu)^2\right]+\cdots+\frac{1}{n}E\left[(X_n-\mu)^2\right]-E\left[(\overline{X}-\mu)^2\right] \\
&= \frac{1}{n}V(X_1)+\cdots+\frac{1}{n}V(X_n)-V(\overline{X})
\end{aligned}
$$

となります。（6-2）式と（6-5）式を使うと、

$$
\begin{aligned}
&= \frac{1}{n}n\sigma^2-\frac{\sigma^2}{n} \\
&= \frac{n-1}{n}\sigma^2 \qquad (6\text{-}9)
\end{aligned}
$$

となります。標本の大きさnが大きいときには、$\frac{n-1}{n} \fallingdotseq 1$となるので、標本分散の期待値は、母分散$\sigma^2$とほぼ一致することがわかります。しかし、完全に等しいわけではないので、

標本分散は不偏推定量ではない

ことがわかります。

もっとも、この違いは係数だけなので、(6-6) 式を $\frac{n}{n-1}$ 倍した分散

$$(6\text{-}6)\ \text{式} \times \frac{n}{n-1} = \frac{1}{n-1}\sum_{i=1}^{n}(X_i - \overline{X})^2 \qquad (6\text{-}10)$$

を使えば、(6-9) 式も $\frac{n}{n-1}$ 倍されて、

$$(6\text{-}9)\ \text{式} \times \frac{n}{n-1} = \sigma^2$$

となり、このように母分散に一致します。よって (6-10) 式の(右辺の)分散は不偏推定量なので、これを**不偏（標本）分散**と呼びます。(6-10) 式の不偏分散の分母が $n-1$ であることに注意しましょう。以後本書では、不偏分散は s^2 で表すことにします。

■大数の法則

統計学で最も重要な法則の1つに、**大数《たいすう》の法則**があります。これは、

標本の大きさ n を大きくすると、
標本平均 $\overline{X}$ が母平均 μ に近づく

というものです。n が大きくなって母集団の大きさと同じになると $\overline{X} = \mu$ となるのは明らかです。したがって、その途中の「$n \to$ 母集団の大きさ」の領域でも、$\overline{X}$ は μ に近づいていくだろうと予測できますが、数学的に詳しく見てみ

ようというわけです。

この大数の法則の証明には、チェビシェフの不等式を使います。チェビシェフの不等式は、確率変数Xの平均をμ、標準偏差をσとし、任意の正の数をkとすると、(4-18) 式が成り立つというものでした。

$$P(|X-\mu| \geqq k\sigma) \leqq \frac{1}{k^2} \qquad (4\text{-}18)$$

先ほど見たように、標本平均$\overline{X}$の期待値は母平均μに一致し、分散は$\frac{\sigma^2}{n}$となります。この$\overline{X}$にもチェビシェフの不等式は成立します。そこで、(4-18) 式の確率変数Xを$\overline{X}$に置き換え、標準偏差σを$\frac{\sigma}{\sqrt{n}}$に置き換えれば、$\overline{X}$に関するチェビシェフの不等式になります。よって、

$$P\left(|\overline{X}-\mu| \geqq \frac{k\sigma}{\sqrt{n}}\right) \leqq \frac{1}{k^2} \qquad (6\text{-}11)$$

となります。カッコの中を整理するために、新たに変数ε（イプシロン）を導入します。

$$\varepsilon \equiv \frac{k\sigma}{\sqrt{n}} \qquad \therefore \frac{1}{k^2} = \frac{\sigma^2}{n\varepsilon^2}$$

すると (6-11) 式は、

$$P(|\overline{X}-\mu| \geqq \varepsilon) \leqq \frac{\sigma^2}{n\varepsilon^2} \qquad (6\text{-}12)$$

となります。ここでkは任意の正の数なので、εも任意の

正の値をとります。

左辺のカッコの中の絶対値を場合分けすると、$\overline{X}>\mu$の場合は、$\overline{X}-\mu \geqq \varepsilon$を書き換えると$\mu+\varepsilon \leqq \overline{X}$なので

$$P\left(\mu+\varepsilon \leqq \overline{X}\right) \leqq \frac{\sigma^2}{n\varepsilon^2}$$

となります。

$\overline{X}<\mu$の場合は、$-\overline{X}+\mu \geqq \varepsilon$を書き換えると$\overline{X} \leqq \mu-\varepsilon$なので

$$P\left(\overline{X} \leqq \mu-\varepsilon\right) \leqq \frac{\sigma^2}{n\varepsilon^2}$$

となります。

前者は、$\overline{X}$が$\mu+\varepsilon$より大きい場合の確率P（図6-1の右側の灰色部分の面積に対応）が、$\frac{\sigma^2}{n\varepsilon^2}$より小さいことを表しています。また、後者は、$\overline{X}$が$\mu-\varepsilon$より小さい場合の確率$P$（図6-1の左側の灰色部分の面積に対応）が、$\frac{\sigma^2}{n\varepsilon^2}$より小さいことを表しています。

図6-1では、灰色の部分と白色の部分の面積を足すと1（＝100％）になる規格化条件

$$P\left(\left|\overline{X}-\mu\right| \geqq \varepsilon\right)+P\left(\left|\overline{X}-\mu\right| < \varepsilon\right)=1$$

が成り立つので（すべての確率を足し合わせると100％なので）、（6-12）式の左辺をこの関係を使って書き換えると

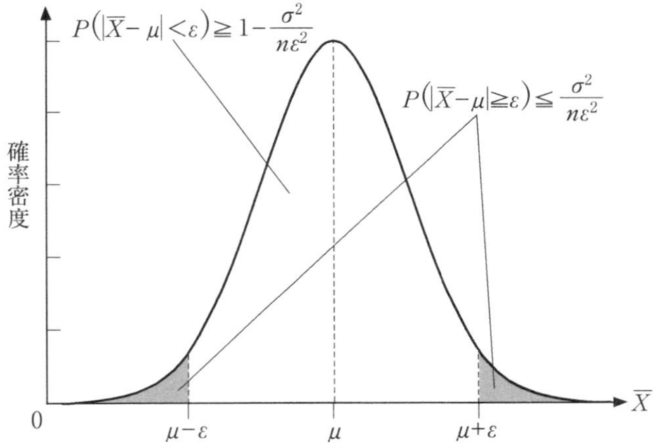

図6-1　nが大きくなると確率P（$|\overline{X}-\mu|\geqq\varepsilon$）（図の灰色部分の面積に対応）は小さくなる

$$\frac{\sigma^2}{n\varepsilon^2}\geqq P(|\overline{X}-\mu|\geqq\varepsilon)$$
$$=1-P(|\overline{X}-\mu|<\varepsilon)$$

となり、よって、

$$P(|\overline{X}-\mu|<\varepsilon)\geqq 1-\frac{\sigma^2}{n\varepsilon^2} \qquad (6\text{-}13)$$

となります。左辺は図6-1の白色部分の面積（幅2εの範囲）に対応します。標本平均$\overline{X}$が母平均のμの左右の$\pm\varepsilon$の範囲に入る確率です。右辺の第2項はnを大きくするとゼロに近づきます。また、確率は規格化されているので左辺が1より大きくなることはありません。よって、これは次式と同じです。

$$P(|\overline{X}-\mu|<\varepsilon)\to 1 \quad (n\to\infty)$$

εは正の数であればどんな小さな値でもとれます。したがって、どんな小さなεに対しても（幅2εをどんなに狭くしても）、nを大きくすればPが1に近づくことを意味します。これは、図6-1のピークが細く高くなることを意味します。つまり、標本平均$\overline{X}$が母平均μに近づくことを意味しています。これが大数の法則です。

なお、図6-1では正規分布を例にとりましたが、(6-13）式の導出の過程は正規分布に限定されてはいません。それ以外の分布でも大数の法則は成り立ちます。

■中心極限定理

大数の法則と並んで重要な定理があります。それは**中心極限定理**です。先ほど標本平均の期待値はμであり、その分散は$\frac{\sigma^2}{n}$になることがわかりました。実は、この標本平均の分布が正規分布になることがわかっています（レベルが高いので証明は割愛します）。この

標本平均は、平均μで分散$\frac{\sigma^2}{n}$の正規分布に従う

という関係を中心極限定理と呼びます。図6-2に、正規分布（$n=1$）と、$n=2$と$n=4$の標本平均の正規分布をプロットしました。このようにnが増えるに従って、分散が

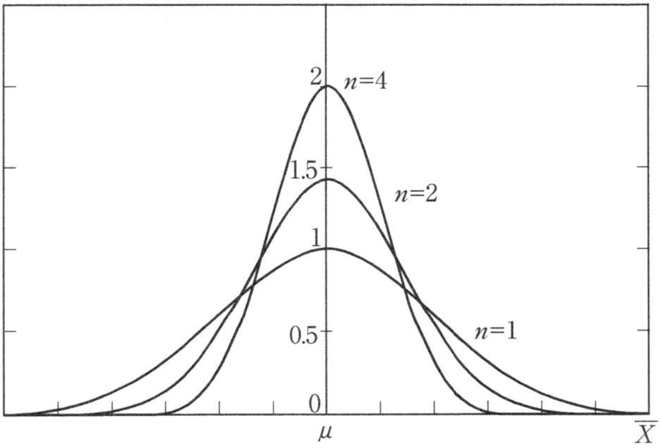

図 6-2　標本平均$\overline{X}$の分布

nは標本の大きさ。標本平均は平均μで分散$\frac{\sigma^2}{n}$の正規分布に従う

小さくなり、分布が平均μに収束します。

標本平均を標準正規分布$N(0, 1)$に標準化しておくと、後で役に立ちます。本章の最後にこれを見ておきましょう。平均μで分散σ^2の正規分布は（4-12）式によって標準化されました。標本平均は平均μで分散$\frac{\sigma^2}{n}$の正規分布に従うのでその標準化には、（4-12）式でσを$\frac{\sigma}{\sqrt{n}}$に置き換えればよいわけです。よって、標準化は、新しい確率変数Yを以下のように置くことによって実現されます。

$$Y \equiv \frac{\overline{X} - \mu}{\sqrt{\frac{\sigma^2}{n}}} = \frac{\overline{X} - \mu}{\frac{\sigma}{\sqrt{n}}} \qquad (6\text{-}14)$$

杞憂は杞憂ではない

昔、中国の杞の国に、天や星が落ちるかもしれない、大地も崩れるのではないかと憂えている男がいました。その故事から、無用な心配を杞憂と呼ぶようになりました。

しかし、現代においては「杞憂は杞憂ではない」という説があります。化石の調査によって、地球上では何度も大絶滅が起こったことが明らかになりました。大絶滅では生物の種の約９割が滅んだと推定され、その原因には巨大な隕石の落下や大規模な火山活動が上げられています。それらは杞の男の心配に酷似しています。大絶滅の頻度は5000万年に１回程度なので、人類が遭遇する可能性は低いのですが、もし起これば人類滅亡もありえます。ここで注意すべきことは、確率が低くても影響が甚大な場合には、その期待値は無視できなくなることです。

2011年3月11日の津波と原子炉事故から、私たちは、確率ではなく期待値を直視することの必要性を学びました。国債の信用が崩壊する可能性や、都市が核攻撃を受ける可能性なども、それらの期待値がほんとうに小さいのかきちんと検証する必要があります。

第7章

区間推定と仮説検定

——探偵のように

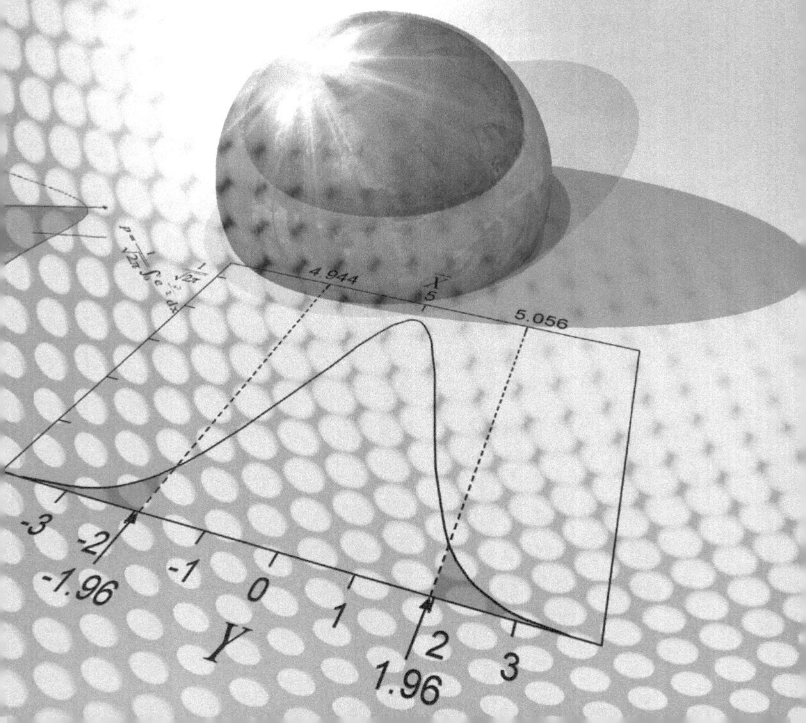

■標本平均から母平均を推定する

推測統計学では、標本集団から得られるデータを使って母集団の性質を推定します。推理小説に登場する探偵のようなものです。前章で学んだ標本平均の知識を使って、母平均を推定してみましょう。

(6-3) 式と (6-5) 式で見たように標本平均$\overline{X}$の期待値は母集団の期待値μに一致し、分散は$\frac{\sigma^2}{n}$となります。この関係を使って「測定された標本平均の値」から「母平均」を推定します。測定された標本平均の値を中心として、その左右に95％や99％の確率で母平均が入る範囲を推定することを**区間推定**と呼びます。また、この95％や99％の確率で母平均が入る範囲を**信頼区間**と呼びます。前章の冒頭でも述べたように、多くの調査では全数調査ではなく標本調査が行われ、区間推定が活躍します。

この区間推定を理解するために次のような例題を考えてみましょう。

【例題】 食品製造会社であるA社は、特製の液体スープ(50グラム) を袋詰めしています。液体スープの充填機械は充填量を1グラム単位で設定できますが、実際の充填量は、標準偏差2グラムの正規分布になることがわかっています。この標準偏差は、充填量の設定値が40グラムや60グラムであっても同じです。また、充填量の平均値は、機械の設定値とわずかにずれることもわかっています。重さの設定値を50グラムとして多数の袋詰めを行い、その中から無作為に49袋を取り出し、重さを量ったところ、その平均値は、49.3グラムでした。この場合の母平均の95％信頼区間を求めましょう。

【解き方】まず、母集団と標本集団の値を整理してみましょう。

母集団	**標本集団**
統計分布：正規分布	標本の大きさ：$n=49$
母平均：$\mu=?$	標本平均：$\overline{X}=49.3$（g）
標準偏差：$\sigma=2$（g）	

ここでは母平均が未知数です。

この問題を解くために使われる重要な関係は、前章の（6-14）式

$$Y \equiv = \frac{\overline{X}-\mu}{\frac{\sigma}{\sqrt{n}}} \qquad (6\text{-}14)$$

で定義した変数Yに関する

標本平均$\overline{X}$と母平均μを含む変数Yは、
標準正規分布$N(0, 1)$に従う

というものです。この（6-14）式で$\overline{X}$, σ, nは既知であり、μのみが未知です。このYの95％信頼区間（Yの2.5パーセント点と97.5パーセント点）を求めれば、（6-14）式を使ってμの2.5パーセント点と97.5パーセント点を求められます。

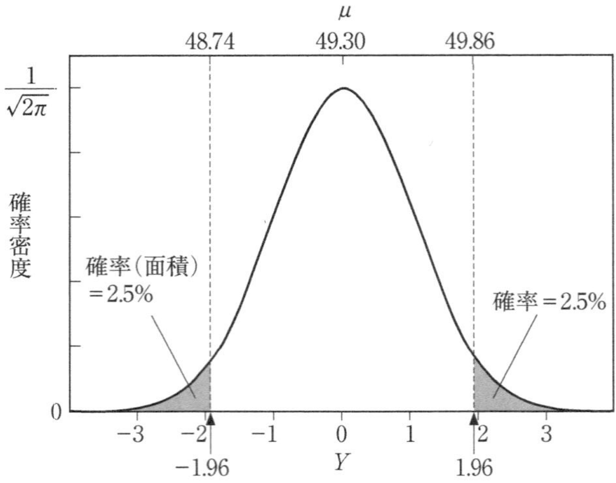

図7-1　Yとμの関係を表す標準正規分布

第4章でエクセルの組み込み関数を使って、標準正規分布の2.5パーセント点と97.5パーセント点を求めました。すでに見たように、

$$2.5\text{パーセント点} = -1.96$$
$$97.5\text{パーセント点} = 1.96$$

でした。図7-1はYを下段の横軸の座標とする標準正規分布です。あとは、(6-14) 式を使って、これをμの2.5パーセント点と97.5パーセント点に変換すればよいだけです。

この2つのパーセント点で (6-14) 式を挟んだ不等式にまとめると、次式のようになります。

$$-1.96 < Y \equiv \frac{\overline{X}-\mu}{\frac{\sigma}{\sqrt{n}}} < 1.96$$

$n=49$, $\overline{X}=49.3$, $\sigma=2$を代入すると、

$$-1.96 < \frac{49.3-\mu}{\frac{2}{\sqrt{49}}} < 1.96$$

となり、よって、

$$-1.96 < (49.3-\mu)\times 3.5 < 1.96$$
$$\therefore 49.3-\frac{1.96}{3.5} < \mu < 49.3+\frac{1.96}{3.5}$$

となります。したがって、95％信頼区間は、

$$\therefore 48.74 < \mu < 49.86$$

となります。図7-1のグラフの上段の横軸にμの座標を示しました。この結果は、母平均が95％の確率で48.74グラムから49.86グラムの間に入ることを意味します。

これで、例題が解けたわけですが、エクセルの組み込み関数ではなく、数表を使う解き方もあります。数表というのは標準正規分布の「横軸の座標c」と「面積p」の関係をあらかじめ計算した表のことです。面積pは図7-2の灰色の部分の確率を表していて、数式で書くと

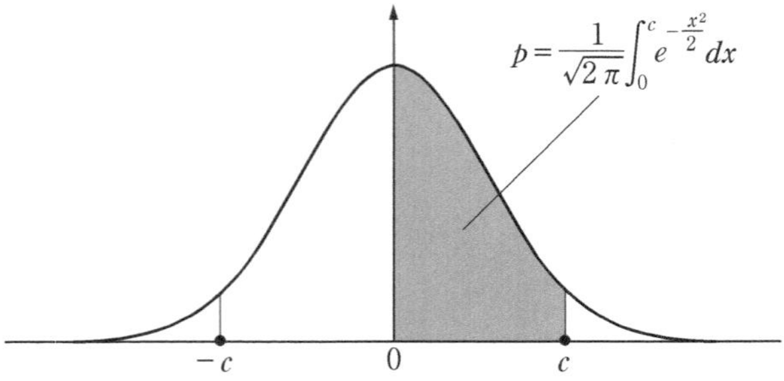

図 7-2　数表の積分範囲

$$p=\frac{1}{\sqrt{2\pi}}\int_0^c e^{-\frac{x^2}{2}}dx \qquad (7\text{-}1)$$

です。積分範囲がゼロから始まっているのは、図7-2のように、右半分だけ計算するためです。したがって、$c=\infty$にとったときのpは0.5になります。

正規分布での信頼区間95％というのは、$-c$からcまで積分すると、面積が0.95（＝95％）になる範囲のことです。したがって、(7-1) 式では、その半分のpが0.475（＝47.5％）になる範囲を意味します（ちなみに「信頼区間95％」を「信頼係数0.95」と表現することもあります)。

数表は、次のようになっています。いちばん左の縦の列は、小数点以下1桁までのcの値です。また、いちばん上の横の行は、cの小数点以下2桁の値を書きます。この2つの交点がpの値です。$p=0.475$になるのは、cの縦軸（小数点以下1桁まで）が「1.9」で、横軸（小数点以下2

桁）が「0.06」の交点です。このときのcの値は、1.9 + 0.06 = 1.96です。信頼区間99％の範囲を求めるのであれば、$p = 0.495\ (= \frac{0.99}{2})$ なので、数表からcの縦軸が「2.5」で横軸が「0.08」の交点がほぼ対応する（$p = 0.49506$）ことがわかります。このときのcの値は、2.5 + 0.08 = 2.58です。標準正規分布を頻繁に使う方は、この95％信頼区間の1.96と、99％信頼区間の2.58は覚えておくと便利です。

正規分布表（一部）

c	・・・・・	0.05	0.06	0.07	0.08
・	・・・・・・	・	・	・	
1.9	・・・・・	0.47441	0.47500	0.47558	0.47615
・	・・・・・・	・	・	・	
2.5	・・・・・	0.49461	0.49477	0.49492	0.49506

■仮説検定

区間推定と同じ数学的な枠組みを使って、**仮説検定**と呼ばれる推測方法も使われます。数学的な枠組みが同じであることから、統計学の中では両者は表裏一体とも言えます。どちらを使うかは学問分野や個々の仕事の現場によって異なります。

仮説検定では、ある仮説を立てて、それが「ある**有意水準**」で成立するかどうかを判断します。仮説が成立する場合は、**採択する**と言い、成立しない場合は**棄《き》却《きやく》する**と言います。採択は英語ではaccept（アクセプト）であり、棄却は英語ではreject（リジェクト）です。研究者にとっては、学術誌に論文を投稿した際に、出版を認められるのがアクセプトであり、実験データが不十分などの理由により拒絶される場合がリジェクトなので、この2つの英単語には悲喜こもごもの感慨があります。

仮説検定で少しとっつきにくいのは、一般的に「仮説が採択されること」より、「仮説が棄却されること」を求めることが多いことです。例えば、「仮説は有意水準5％で棄却された」という結果を得るのが正統的なスタイルです。この場合、仮説は棄却されるのが望ましいので**帰無仮説**と呼ばれます。棄却されて無に帰《き》することが望まれる仮説というわけです。英語ではnull hypothesisと呼びます。nullには、ゼロとか基本という意味があります。帰無という言葉になじみのない人がほとんどだと思われるので、慣れるまでは、「廃棄（が期待される）仮説」とでも呼んだ方がよいかもしれません。一方、成立することが期待される仮説を、**対立仮説**と呼びます。英語では、alternative hypothesisです。alternativeの意味は「二者択一の」です。

では、その仮説検定の例題を見てみましょう。例題の中身は先ほどの区間推定の場合に似せています。

【例題】 食品製造会社であるA社では、特製のスープ（5グラム、液体）を袋詰めしています。液体スープの充塡機械は袋への充塡量を0.1グラム単位で設定できますが、実際の充塡量は、標準偏差0.2グラムの正規分布になることがわかっています。この標準偏差は、充塡量の設定値が4

グラム、あるいは6グラムでも同じです。また、充塡量の平均値は、設定値とはわずかに異なることもわかっています。重さの設定値を5グラムとして袋詰めした中から49袋を標本として取り出して重さを量りました。重さの平均値は4.930グラムでした。母平均が袋詰め機械の設定値の5グラムに等しいかどうか有意水準5％で検定しましょう。

【解き方】 仮説検定での「有意水準5％での棄却」とは、仮説のもとに（6-14）式を使って、95％信頼区間を求め、実測値がこの信頼区間から外れる（残り5％の領域に入る）ことを示すことです。95％信頼区間から外れるというのは、5％という低い確率でしか起こらないので、元の仮説が間違っていると考えてよいだろうと解釈するということです。考え方の流れを書くと

帰無仮説を立てて95％信頼区間を求める

↓

実測値は、95％信頼区間から外れている

↓

95％信頼区間から外れるのは、5％という低い確率でしか起こらないので、帰無仮説が間違っていると考えてよいだろう

↓

帰無仮説が棄却される

となります。

ここでは、帰無仮説を、

スープの重さの母平均が5グラム（$\mu = 5$）

とします。続いて、

①母平均が5グラムであると仮定して、(6-14) 式を使って標本平均$\overline{X}$の95％信頼区間を求め、
②$\overline{X}$がその範囲内にあるかどうかを判定します。

①の段階は、先ほどの区間推定と同様に不等式を書くと

$$-1.96 < Y \equiv \frac{\overline{X} - \mu}{\frac{\sigma}{\sqrt{n}}} = \frac{\overline{X} - 5}{\frac{0.2}{\sqrt{49}}} < 1.96$$

となります。ここで、注意すべきことは、前節の信頼区間の計算ではμが未知数でしたが、この仮説検定では、$\mu = 5$は帰無仮説で仮定されていて$\overline{X}$が未知数であることです。

この不等式を解くと

$$-\frac{1.96}{35} < \overline{X} - 5 < \frac{1.96}{35}$$
$$\therefore 4.944 < \overline{X} < 5.056$$

となります。これが標本平均$\overline{X}$の95％信頼区間です。図7-3に、Y（下段の横軸）と$\overline{X}$（上段の横軸）の関係を表す標準正規分布を示しました。

次に②の段階ですが、49個の標本平均は4.930グラムだったので、図7-3の上段の横軸と比べると、95％信頼区間

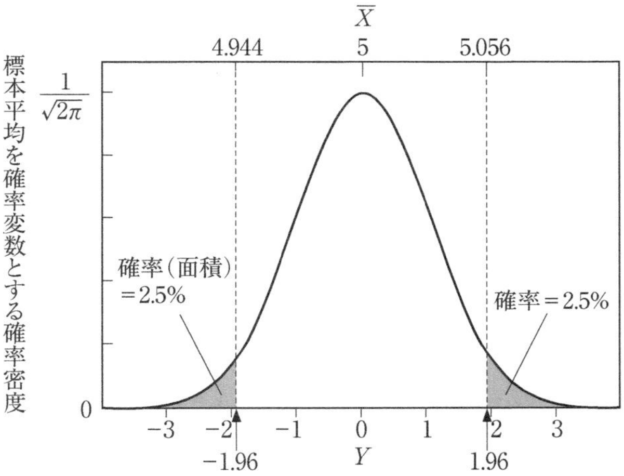

図7−3　Yと$\overline{X}$の関係を表す標準正規分布

の外にあることがわかります。これは５％という低い確率でしか起こらないので、帰無仮説が間違っていると考えてよいだろう、ということになります。よって、

「母平均＝５グラム」という帰無仮説は、
有意水準５％で棄却された

ことになります。これは別の表現をすると、

（49個の標本の標本平均が4.930グラムである場合に）
母平均が５グラムである確率は５％以下しかない

ということであり、「母平均は５グラムに等しくない」と見なしてよいということです。

確率5％というのは20回に1回ですから、比較的大きな確率であるという印象を持つ人も少なくはないでしょう。さらに精度を求める場合は有意水準として1％が使われます。この場合は、②の段階で、確率分布の0.5％から99.5％の範囲内に$\overline{X}$があるかどうかを調べます。0.5パーセント点と99.5パーセント点が、－2.58と2.58になることは前節で数表から求めています。よって、

確率分布が0.5％のパーセント点　$\overline{X}=5-\frac{2.58}{35}=4.926$

確率分布が99.5％のパーセント点　$\overline{X}=5+\frac{2.58}{35}=5.074$

となります。標本平均の4.930グラムは、この範囲に含まれるので、有意水準1％では帰無仮説は棄却できないということになります。これは別の表現をすると、「母平均が5グラムである確率は、5％以下ではあるが、1％以下であるとは言えない」ということです。

■放射能によるガンの影響を調べるには何人のデータが必要か

この区間推定や仮説検定は、2つの母集団の違いを見るためにも使われますが、これを**二標本問題**と呼びます。比べるのは、平均や分散の値などです。ここでは仮説検定を使って、「放射能によるガンの影響を調べるには何人のデータが必要か」という問題を考えてみましょう。

2011年3月11日の福島県での原子炉事故の直後から、どの程度の放射線量が危険かという点についてマスメディアの報道には混乱が生じました。科学的にも論争が続いていますが、その原因の1つには「比較的低い放射線量の影響を明らかにするためには、かなり大きな標本の大きさを必要とする」ということがあります。この問題には国際放射線防護委員会（ICRP：International Commission on Radiological Protection）による計算例があるので、それを参考にしてみましょう。国際放射線防護委員会は、非営利の国際的な学術組織で、放射線防護に関する安全基準を勧告しています。世界各国の放射線の防護に関する法律はこのICRPの勧告に基づいています。

放射線の被曝によるガンの増加を考える際に考慮すべきことは、原子炉事故などによる放射線の被曝がなくてもガンになる人が少なくないことです。特に日本は世界屈指の長寿国で、〝治療可能な病気〟が増えたため、〝治療の困難なガン〟による死亡が増えています。総務省の統計によると、平成20年に亡くなった方は1,142,407人で、そのうちガンで亡くなった方は30％の342,963人です。このようにガンになる人の割合が多いと、比較的低い放射能の影響によってガンになる人との区別が難しくなります。

ICRPの報告で示された試算は、「微弱な放射能の影響を明らかにするためには、いったいどれぐらいの標本（の大きさ）が必要であるか」をおおまかに示すためのものです。報告書では計算に用いられたガンになる確率やその分散の値は現実に即したものではないとことわっています。

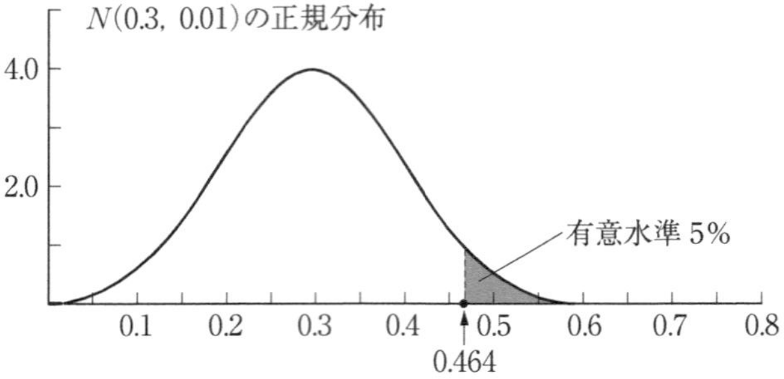

図 7-4　ガン確率に関する母集団の分布

ICRPの試算ではモデルケースとして、放射能の被曝がない場合にガンになる確率を10％（＝0.1）と仮定し、また、分散が0.1（標準偏差はその平方根で0.316）であると仮定しています。ただし、このままでは日本の現状とかけ離れすぎているので、ここでは

放射線の被曝がない場合に
致死性のガンになる確率を30％（＝0.3）

と仮定します。また、分散値は不明ですが、もっと幅の狭い0.01であるとしましょう。この正規分布をグラフにすると図7-4になります。横軸は、致死性のガンになる確率（以下では、ガン確率と略します）です。この分布のピークが0.3に位置することは、ある人のガン確率の平均が0.3（＝30％）であることを表していて、分布のすそが0％近くや60％まで伸びているということは、人によってはガンになる確率が0％や60％の人もいるということを仮定しています。

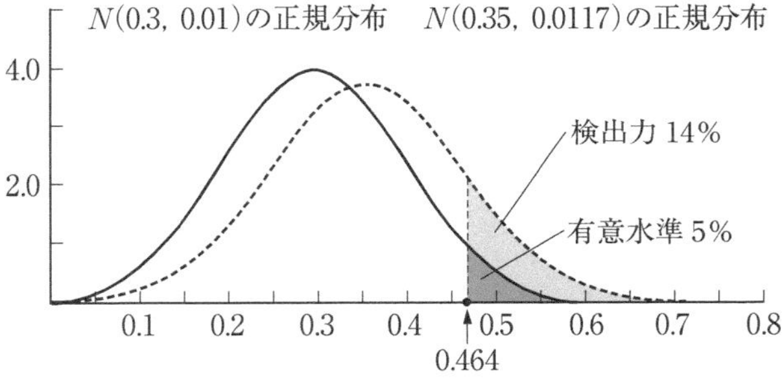

図 7-5　ガン確率に関する母集団の関係

ICRPの試算では、放射線を1シーベルト浴びるとガン確率が10％上がると仮定し、また、分散もその確率に比例して増えると仮定しています。ここでは、「1シーベルト浴びると致死性のガンになる確率が5％上がる」というICRPの別の報告によるもっと現実的な値を使うことにします。また、分散はICRPの試算と同じく確率に比例して増えると仮定します。したがって、

1シーベルト浴びると、

ガン確率は30％から35％に増え、

分散も$\dfrac{0.01\times 35\%}{30\%}=0.0117$に増える

と仮定します。この分布をグラフにしたのが、図7-5の点線の曲線です。実線と点線の2つの分布がかなり重なりあっていますが、この両者の間の違いとして重要なのは、「平均値」に差があるかどうかです。

図7-5は母集団をグラフにしたものですが、標本平均の

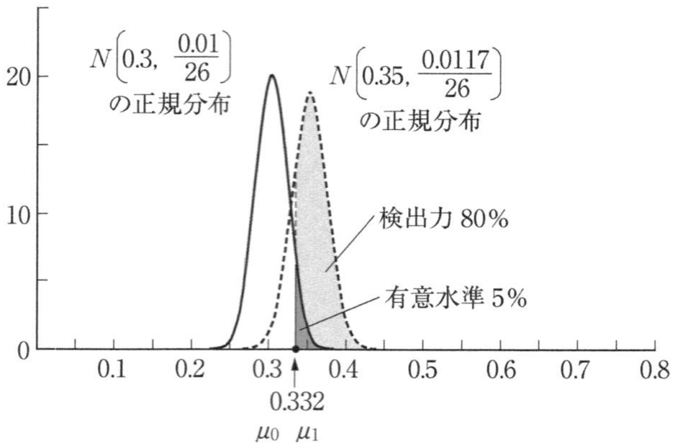

図 7-6　ガン確率に関する標本平均の関係

分布は（6-5）式で見たように、標本の大きさをnとすると、分散が$\frac{\sigma^2}{n}$になるので、分布の幅はこれより狭くなります。この幅が狭くなるほど、2つの標本平均の分布の重なりは小さくなります。図7-6は、標本の大きさが26の場合の標本平均の分布です。2つの分布のピークの位置が0.3と0.35にそれぞれあることは母平均と同じですが、分布の幅は狭くなって、2つの分布の重なりが小さくなっていることがわかります。

さて、ここから仮説検定を行ってみましょう。ただし、まだ二標本問題にはしないで、まず従来型の仮説検定を行います。放射線を1シーベルト浴びたときのガン確率について考えることとして、「1シーベルト浴びてもガン確率は増えず0.3のまま」という仮説を帰無仮説とします。つまり、母平均$\mu = 0.3$が帰無仮説です。一方、対立仮説は、「ガン確率が0.3より上がる」というもので、式で書くと$\mu>0.3$です。先ほどの議論の「1シーベルト浴びると致死性のガンになる確率が5％上がり、元の30％から35％に上がる」という具体的な対立仮説はまだ使わないことにします。

まとめると、

帰無仮説

母平均　$\mu=0.3$（$=30\%$）
標本分散　$\dfrac{0.01}{n}$，標準偏差　$\sqrt{\dfrac{0.01}{n}}=\dfrac{0.1}{\sqrt{n}}$

対立仮説

$\mu>0.3$

となります。ここでは、帰無仮説に1つの母集団が想定されるだけなので、二標本問題ではなく一標本問題です。

まず、標本の大きさを1としましょう。標本の大きさが1の場合の標本平均の分布は、$n=1$なので母集団の正規分布と同じです。つまり、図7-4の分布のままです。この分布で有意水準5％の**片側検定**を行うことにします。この場合、$\mu>0.3$が対立仮説なので正規分布の左側の有意水準に入る確率（図7-3の左側の灰色の部分）を検討することは意味がありません。よって、図7-4の右側の有意水準だけを検討対象とする検定を行います。これは分布の片側だけしか使わないので片側検定と呼びます。

片側検定で、有意水準5％で帰無仮説を棄却するための$\overline{X}$の値を求めてみましょう。ここではエクセルの組み込み関数の

$$\mathrm{NORMINV}(確率,\ \mu,\ \sigma)$$

を使ってみます。この組み込み関数は、正規分布の平均μと標準偏差σと、確率（$x=0$からの積分）を与えると、そのx座標を答えるというものです。エクセルファイル「正規分布」の3シート目「NORMINV」を開いて下さい。C2欄をクリックすると、この関数に確率の0.95と、帰無仮説の$\mu=0.3$、$\sigma=0.1$を入力していることがわかります（図7-7）。この欄の計算結果は、95パーセント点が0.464であることを示しています。したがって、標本平均が$\overline{X}>0.464$であるとき、この帰無仮説は有意水準5％で棄却されることになります。これは、図7-4のグラフの灰色の部分に相当します。

次に、標本の大きさ$n=26$の場合に、有意水準5％で帰無仮説を棄却するための$\overline{X}$の値も求めてみましょう。同

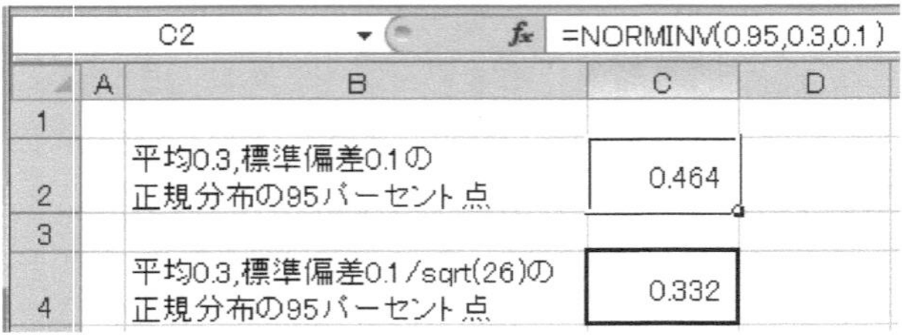

図7-7　エクセルファイル「正規分布」の3シート目

様にしてNORMINVに、$\mu=0.3$, $\sigma=\frac{0.1}{\sqrt{26}}$を入力し、確率に0.95を入力すると、95パーセント点が0.332であることがわかります（図7-7のC4欄）。これは、図7-6のグラフの濃い灰色の部分に相当します。

両者を比べると、分散は$n=26$の方が小さいので、標本平均の実測値が0.4であった場合には、$n=1$では帰無仮説を棄却できませんが、$n=26$では棄却できるということになります。一方、標本平均の実測値が0.5であった場合には、両者ともに帰無仮説を有意水準5％で棄却できることになり、その場合は対立仮説はともに$\mu>0.3$なので、両者とも$\mu=0.3$が棄却され、$\mu>0.3$が採択されるということは同じです。

さて、ここから二標本問題に拡張します。二標本問題では、対立仮説は$\mu>0.3$のようなあいまいなものではなく、もっと具体的な統計量（平均や分散の値）を持っています。ここでは、先ほどの議論のように1シーベルトの放射線を浴びることによってガン確率が5％増えると仮定します。よって対立仮説では、自然のガン確率30％との和の35％（0.3 + 0.05 = 0.35）がガン確率になります。また分散もすでに述べたように、0.0117になると仮定します。したがって、対立仮説をまとめると、

対立仮説

母平均　$\mu=0.35$（= 35％），

標本分散　$\frac{0.0117}{n}$，標準偏差　$\sqrt{\frac{0.0117}{n}}=\frac{0.108}{\sqrt{n}}$

となります。$n=1$と$n=26$の場合の対立仮説の正規分布は、図7-5と図7-6に点線で記しています。

さて、ここで頭を切り替えて対立仮説に注目します。対立仮説が正しいという場合を想定しましょう。対立仮説の分布の方が正しいのであれば、$n=1$の場合に標本平均$\overline{X}$が0.464より大きい値をとる確率は、図7-5の点線のカーブの灰色の面積に対応します。式で書くと

$$\frac{1}{\sqrt{2\pi\times0.0117}}\int_{0.464}^{\infty}e^{-\frac{(x-0.35)^2}{2\times0.0117}}dx$$

です。この図の場合は14％になります。同じように、$n=26$の場合も考えましょう。標本平均$\overline{X}$が0.332より大きい値をとる確率は、図7-6の点線のカーブの灰色の面積に対応します。この図の場合は同様の計算で80％になります。

対立仮説が正しいと想定するならば、この14％や80％は標本平均が実際にこれらの領域の値をとる確率になります。そしてこの領域は、（帰無仮説の95％信頼区間の外にあるので）同時に帰無仮説を有意水準5％で棄却する領域でもあります。つまり、対立仮説が正しいのであれば、この確率（面積）が大きいほど、「有意水準5％で帰無仮説が棄却される確率」が高まることを意味します。この確率が高いほど、「帰無仮説の棄却＆対立仮説の採択」を検出する力が高まるのです。ということで、この確率（面積）には**検出力**という名前がついています。

この検出力を高めるために、どうすればよいかを考えて

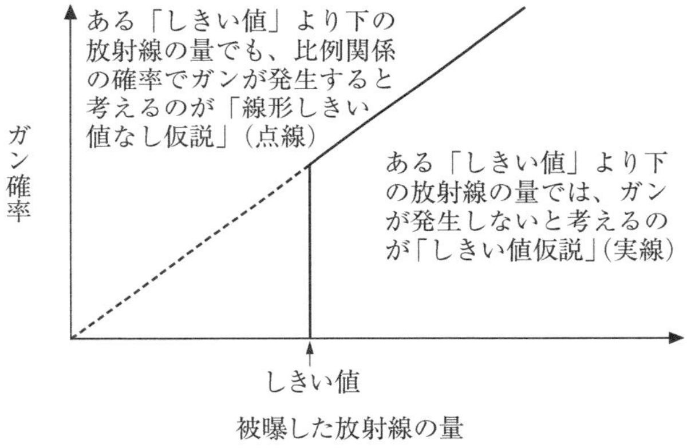
ある「しきい値」より下の放射線の量でも、比例関係の確率でガンが発生すると考えるのが「線形しきい値なし仮説」（点線）
ある「しきい値」より下の放射線の量では、ガンが発生しないと考えるのが「しきい値仮説」（実線）
ガン確率
しきい値
被曝した放射線の量

図 7-8 「しきい値仮説」と「線形しきい値なし仮説」の模式図

みましょう。ここでは帰無仮説と対立仮説の母平均と母分散の値は決まっているので、変えられるのは標本の大きさnだけです。nを大きくすると、分散は$\frac{1}{n}$となって小さくなるので、2つの正規分布の重なりは小さくなります。図7-6の$n=26$の場合では、nが大きくなると、（$n=1$の場合に比べて）2つの分布の重なりは小さくなり、検出力は高まっています。nを26よりさらに大きくすると、それぞれの分布はさらに細くなり、2つの正規分布の重なりは、ますます小さくなります。その場合は、検出力は100％に近づいていきます。

ICRPの試算は、「有意水準5％の帰無仮説」かつ「検出力80％」で検定をするために必要な標本の大きさについて、いくつかの試算をしています。そこでは図7-8の点線のように、ガン確率は被曝した放射線の量に比例すると仮定しています（これを**線形しきい値無し仮説**と呼びます）。本書でも、ガン確率は被曝した放射線の量に比例すると仮定しましょう。1シーベルトで5％の増加なので、比例関係を仮定すると0.1シーベルトでは0.5％の増加となり、0.01シーベルトでは0.05％の増加となります。先ほどと同様の計算をして、帰無仮説の95パーセント点から右の領域で、対立仮説の検出力が80％になる標本の大きさを求めると、結果は以下のようになります。

被曝量	ガン確率	帰無仮説	対立仮説	必要な標本の大きさ
1シーベルト	＋5％	30％	35％	26人
100ミリシーベルト	＋0.5％	30％	30.5％	2,487人
10ミリシーベルト	＋0.05％	30％	30.05％	247,441人

注目すべきことは、放射線量が1桁小さくなるごとに必要な標本の大きさが2桁増えることです。1シーベルトの違いを明らかにするために26人の標本を必要としたのに対して、100ミリシーベルトでは2487人になり、10ミリシーベルトの違いを明らかにするためには、24万7000人もの被曝した人々が必要になることがわかります。これは標本平均の標準偏差が標本平均の分散（6-5）式の平方根$\frac{\sigma}{\sqrt{n}}$であることに起因しています。nが100から10000に増えても、$\frac{1}{\sqrt{n}}$は$\frac{1}{10}$から$\frac{1}{100}$までしか減らないことに対応しています。

対立仮説が正しいとすると、10ミリシーベルトを浴びた場合に、この24万7000人の0.05％である124人が、放射線の影響によって致死性のガンになります（よって、100万人が10ミリシーベルトを浴びると、約500人が致死性のガンになります）。ここでの試算はいくつかの仮定を含んでいるので、ガン確率の厳密性は十分ではありませんが、標本の大きさの規模についてはおおよそ正しいと考えられます。100ミリシーベルト以下の放射線の影響について論争があるのは、この計算でわかるように標本の大きさをとても大きくする必要があるからです。数万人規模の被曝は、広島と長崎、チェルノブイリ、そして今回の福島の4例しかありません。広島と長崎に原爆が落ちた当時は、放射線量の計測や健康被害の調査が不十分でした。また、チェルノブイリの事故は、当時情報公開が不十分だった共産主義国で起きた事故でした。福島の調査はこれからです。「100ミリシーベルト以下の放射線の危険性は、これまでのデータの標本の大きさが不十分なためにまだ解明されていない」というのが現状です。「解明されていない」と「安全である」は等しくないことに注意しましょう。

■二標本問題を１つの確率変数で扱う

二標本問題には別のアプローチもあります。それは、2つの標本の標本平均が$\overline{X}$と$\overline{Y}$である場合に、その差の

$$Z \equiv \overline{X} - \overline{Y} \qquad (7\text{-}2)$$

を新しい確率変数と置いて、この1つの確率変数で二標本問題を処理する方法です。

第2章で見た平均の加法性と分散の加法性の関係を思い

出しましょう。平均の加法性は2つの分布が独立であるかどうかに関係なく成り立ち、分散の加法性は2つの分布が独立なときにのみ成り立ちました。ここでは、2つの分布が互いに独立な場合を考えましょう。(2-5) 式の$E\left(k_1X+k_2Y\right)=k_1E(X)+k_2E(Y)$ と (2-7) 式の $V\left(k_1X+k_2Y\right)=k_1{}^2V(X)+k_2{}^2V(Y)$ で、$k_1=1$ かつ $k_2=-1$ とすると、次式のように確率変数$X-Y$の平均と分散を求める式になります。

$$E(X-Y)=E(X)-E(Y) \qquad (7\text{-}3)$$

$$V(X-Y)=V(X)+V(Y) \qquad (7\text{-}4)$$

この関係を2つの正規分布の場合に使ってみましょう。2つの分布の変数をそれぞれ次のように書くことにします。

	正規分布1	正規分布2
母平均	μ_1	μ_2
母分散	$\sigma_1{}^2$	$\sigma_2{}^2$
標本の大きさ	m	n
標本平均	$\overline{X}$	$\overline{Y}$

このとき標本平均$\overline{X}$と$\overline{Y}$は、中心極限定理によって正規分布$N\left(\mu_1,\ \dfrac{\sigma_1{}^2}{m}\right)$と$N\left(\mu_2,\ \dfrac{\sigma_2{}^2}{n}\right)$に従います。したがって、標本平均の差$\overline{X}-\overline{Y}$を新たな確率変数として考えると、(7-3) 式と (7-4) 式から

$$E(\overline{X}-\overline{Y})=E(\overline{X})-E(\overline{Y}) \qquad (7\text{-}5)$$
$$=\mu_1-\mu_2$$
$$V(\overline{X}-\overline{Y})=V(\overline{X})+V(\overline{Y}) \qquad (7\text{-}6)$$
$$=\frac{{\sigma_1}^2}{m}+\frac{{\sigma_2}^2}{n}$$

となります。よって、平均$\mu_1-\mu_2$で、分散$\frac{{\sigma_1}^2}{m}+\frac{{\sigma_2}^2}{n}$の分布になります。第10章でモーメント母関数を使って示すように、この分布もまた正規分布になることが証明できます。よって、新たな確率変数$Z\equiv\overline{X}-\overline{Y}$は、正規分布

$$N\left(\mu_1-\mu_2,\ \frac{{\sigma_1}^2}{m}+\frac{{\sigma_2}^2}{n}\right)$$

に従うので、区間推定や仮説検定にはこの正規分布を使えます。

計算が容易に行えるようにこの正規分布を標準化すると、(4-12) 式の変換にならって、確率変数は (7-2) 式のZから

$$Z'\equiv\frac{\overline{X}-\overline{Y}-(\mu_1-\mu_2)}{\sqrt{\frac{{\sigma_1}^2}{m}+\frac{{\sigma_2}^2}{n}}}$$

に変わります。このZ'を用いて区間推定や仮説検定が行えます。

二標本問題は、薬の効き目があるかどうかや、製品の改善によって性能が上がったかどうかなど、様々な場面で現

れます。ここでは、母分散がわかっている場合を考えましたが、

母分散は未知で、
2つの母分散が等しいとわかっているとき

や、

母分散が未知で、
2つの母分散が等しいかどうか不明のとき

は取り扱いがさらに高度になります。特に前者の場合は第9章で学ぶt分布の助けを借ります。関心のある方は専門書をご覧ください。

さて、本章では、推測統計学の重要な手法である区間推定と仮説検定を理解しました。次章と第9章では、正規分布のまわりをめぐる惑星とでもいうべき3つの重要な分布を見てみましょう。

ナイチンゲール

「白衣の天使」と呼ばれたナイチンゲール（1820〜1910）は、看護師の理想像として捉えられがちです。しかし、その実像が、一種の二標本問題に取り組んだ統計学者であり、社会運動家であったことはあまり知られていません。1854年にバルカン半島でイギリスが参戦したクリミア戦争が起こったとき、ナイチンゲールは現地のイギリス軍病院に赴きました。そして、衛生環境が極めて劣悪であるこ

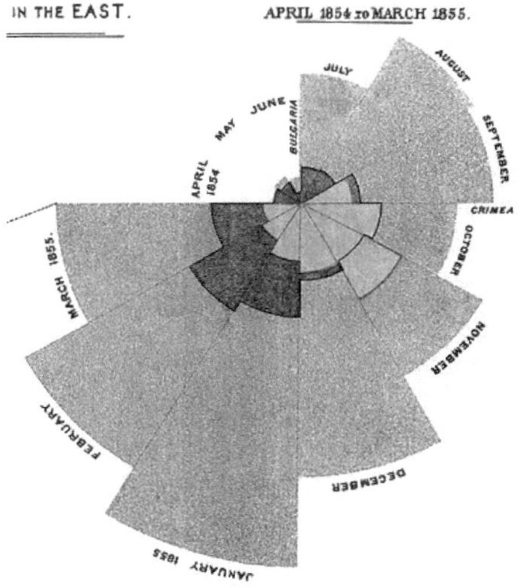

ナイチンゲールが作成した1854年4月から
1855年3月までの死因別の戦死者数を表すグラフ

とに気づきました。衛生環境を改善すれば、戦争による死者の数を減らせるのではないか、ナイチンゲールはそう考えました。元のままの病院の救命率と、衛生環境を改善した病院の救命率を比較すること、それが彼女が取り組んだ二標本問題でした。

ナイチンゲールは裕福な家庭に生まれて、当時の女性としては珍しいことに本格的に数学を学び、20代のころには数学者のシルベスターから個人教授も受けました。彼女は、衛生環境の改善の重要性を政府に訴えるために統計的手法を持ち込みました。図は、ナイチンゲールが作成した1854年

ナイチンゲール
©PPS

4月から1855年3月までのクリミア戦争での死因別の戦死者数を表すグラフです。3色に色分けされていますが、中心に近い方が戦傷によるもので、外側が病死を表します。中間はそれ以外の原因によるものです。この図から、戦傷による死者よりも、病気による死者の方が多いことがわかります。病院の衛生環境を改善すれば、外側の病死者数を減らせると考えられます（ただし、死者数は中心からの半径に比例しており、面積に比例していないことには注意を要します）。

ナイチンゲールは、1859年にはイギリスの王立統計学会の初めての女性会員になりました。実践的統計学者とも形容できます。

第8章

正規分布の惑星たち

——χ^2分布と適合度検定

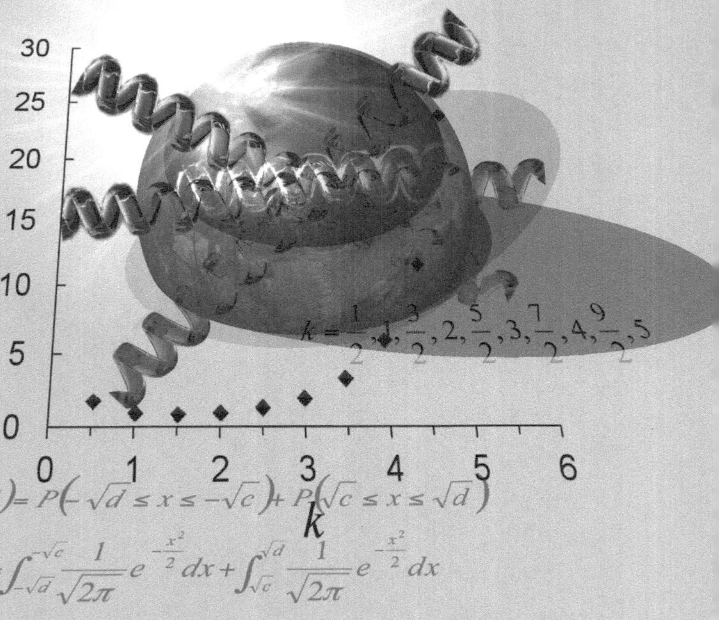

■正規分布を取り囲む3つの惑星

統計学を勉強していて混乱するのは、○○分布や△△分布などという様々な分布が登場することです。そしてそのそれぞれの分布の理解が不十分だと、どの分布がどのような場合に使えるのかがよくわからないという状況に陥りがちです。本章と次章では、分布の女王である正規分布に関係する3つの分布をとりあげます。3つの分布とは、χ^2（カイジジョウ）分布とt分布、それにF分布です。正規分布を太陽とするならば、この3つの分布は、正規分布のまわりを回る惑星のようなものだとも言えます。それぞれの特徴は、これから楽しみながら理解するとして、ここではまず、この3つに共通して必要な数学の知識である**ガンマ関数**から見てみましょう。

■ガンマ関数

ガンマ関数は、統計学で重要な関数で特殊関数と呼ばれる関数の一種です。特殊関数などと聞くと身構えてしまう読者も多いと思いますが、これから見るように比較的簡単なので、肩の力を抜いても大丈夫です。

まず、ガンマ関数がどのような式で定義されているかですが、それは次のようなものです。

$$\Gamma(x)=\int_0^{\infty} e^{-t}t^{x-1}dt \quad x>0 \tag{8-1}$$

この式で表されるように変数はxだけであり、そのxが正（$x>0$）であることに注意しましょう。tの積分は積分記号にあるように0から無限大までとります。

xが簡単な値である場合のガンマ関数を計算してみましょう。まず、$x=1$の場合を計算してみます。

$$\begin{aligned}\Gamma(1)&=\int_0^{\infty} e^{-t}t^{1-1}dt=\int_0^{\infty} e^{-t}dt\\&=\left[-e^{-t}\right]_0^{\infty}=-e^{-\infty}+e^{-0}\\&=-0+1=1\end{aligned}$$

となり、ちょうど1になりました。次に$x=\dfrac{1}{2}$の場合を計算してみましょう。

$$\Gamma\left(\frac{1}{2}\right)=\int_0^{\infty} e^{-t}t^{-\frac{1}{2}}dt$$

この積分は少し難しそうな形をしていますが、$s^2=t$の変数変換を行うと簡単になります。$s^2=t$を微分すると$\dfrac{dt}{ds}=2s$なので

$$\begin{aligned}&=\int_0^{\infty}\frac{e^{-s^2}}{s}2sds\\&=2\int_0^{\infty} e^{-s^2}ds\end{aligned}$$

となります。これは、(4-9) 式と同様のガウス積分です（付録）。よって、

$$= 2\frac{\sqrt{\pi}}{2}$$
$$= \sqrt{\pi}$$

となります。この$\sqrt{\pi}$も覚えやすい値です。よって、まとめると

$$\Gamma(1) = 1$$

と

$$\Gamma\left(\frac{1}{2}\right) = \sqrt{\pi} \qquad (8\text{-}2)$$

という関係が成り立ちます。

さて、このガンマ関数の面白い性質は、

$$\Gamma(k) = (k-1)\Gamma(k-1) \qquad (8\text{-}3)$$

という関係があることです。これも同様の計算で簡単に証明できます。(8-1) 式を部分積分すると

$$\Gamma(k) = \int_0^\infty e^{-t} t^{k-1} dt$$
$$= \left[-e^{-t} t^{k-1}\right]_0^\infty + \int_0^\infty e^{-t}(k-1) t^{k-2} dt$$
$$= \lim_{t \to \infty}(-e^{-t} t^{k-1}) + (k-1)\int_0^\infty e^{-t} t^{k-2} dt$$

となります。ここで第1項は、e^{-t}はゼロに収束し、t^{k-1}は∞に発散しますが、e^{-t}の収束の効果の方が強いのでゼ

ロに収束することがわかっています（付録参照）。第2項の積分はガンマ関数$\Gamma(k-1)$を表すので、

$$=(k-1)\Gamma(k-1)$$

となります。これで証明終わりです。

この（8-3）式に、先ほどの$\Gamma(1)=1$の関係を組み合わせると、

$$\Gamma(1)=1$$
$$\Gamma(2)=1\times\Gamma(1)=1$$
$$\Gamma(3)=2\times\Gamma(2)=2\times1$$
$$\Gamma(4)=3\times\Gamma(3)=3\times2\times1$$
$$\Gamma(5)=4\times\Gamma(4)=4\times3\times2\times1$$
$$\vdots$$
$$\Gamma(n)=(n-1)\Gamma(n-1)=\cdots=(n-1)!$$

ただし、nは自然数（＝1, 2, 3, …）

となり、nが自然数の場合は、

$$\Gamma(n)=(n-1)!$$

が成り立つことがわかります。つまり、（8-1）式のxが自然数の場合は、ガンマ関数は**階乗**を表しているということになります。

kが$\frac{3}{2}$や$\frac{5}{2}$などの分数である場合も計算してみましょう。（8-2）式と（8-3）式を利用すると、次のように計算できます。

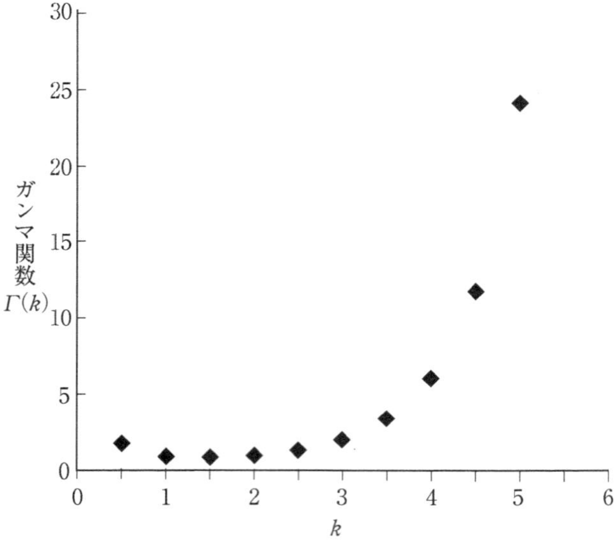

図8-1　ガンマ関数の値

$$\Gamma\left(\frac{3}{2}\right)=\frac{1}{2}\Gamma\left(\frac{1}{2}\right)=\frac{\sqrt{\pi}}{2}=0.8862$$

$$\Gamma\left(\frac{5}{2}\right)=\frac{3}{2}\Gamma\left(\frac{3}{2}\right)=\frac{3\sqrt{\pi}}{2^2}=1.3293$$

$$\Gamma\left(\frac{7}{2}\right)=\frac{5}{2}\Gamma\left(\frac{5}{2}\right)=\frac{5\times3\sqrt{\pi}}{2^3}=3.3233$$

$$\Gamma\left(\frac{9}{2}\right)=\frac{7}{2}\Gamma\left(\frac{7}{2}\right)=\frac{7\times5\times3\sqrt{\pi}}{2^4}=11.6317$$

kが整数である場合も含めてグラフにしたのが図8-1で

す。この点の中では、$k=\frac{3}{2}=1.5$での値$\frac{\sqrt{\pi}}{2}$が最小で、その左右どちら側もこれより大きくなります。

■χ^2分布

正規分布と密接な関わりを持つ分布として最初にχ^2分布を見ることにしましょう。χ^2分布は、本章後半で登場する適合度検定で活躍し、さらに次章に登場するt分布やF分布とも直接に関係する重要な分布です。

標準正規分布に従う独立な確率変数をX_1, X_2, X_3, …, X_nとしたとき、その2乗の和χ^2を

$$\chi^2 \equiv {X_1}^2 + {X_2}^2 + \cdots + {X_n}^2$$

と定義します。

χ^2分布の最も簡単な場合として、確率変数が1つしかない場合を考えてみましょう。この確率変数をXとします。1つなので、

$$\chi^2 \equiv X^2$$

です。このXは標準正規分布$N(0, 1)$に従うとします。X^2の確率分布を求めるために、まずXの確率分布を考えましょう。Xがaからbの範囲にある確率は、すでに見たように

$$P(a \leqq X \leqq b) = \int_a^b \frac{1}{\sqrt{2\pi}} e^{-\frac{x^2}{2}} dx \qquad (8\text{-}4)$$

です。

次に、X^2がcからdの範囲（ただし、$0<c<d$とします）にある確率を求めましょう。このときXは「$\sqrt{c}$から$\sqrt{d}$まで」か、「$-\sqrt{d}$から$-\sqrt{c}$まで」の範囲の値をとります。Xが「$\sqrt{c}$から$\sqrt{d}$まで」の範囲をとる確率や、Xが「$-\sqrt{d}$から$-\sqrt{c}$まで」の範囲の値をとる確率は、正規分布の（8-4）式に従います。よって、X^2がcからdの範囲にある確率$P(c \leqq X^2 \leqq d)$は、この2つの範囲の確率の和になって、

$$P(c \leqq X^2 \leqq d) = P\left(-\sqrt{d} \leqq X \leqq -\sqrt{c}\right) + P\left(\sqrt{c} \leqq X \leqq \sqrt{d}\right)$$

$$= \int_{-\sqrt{d}}^{-\sqrt{c}} \frac{1}{\sqrt{2\pi}} e^{-\frac{x^2}{2}} dx + \int_{\sqrt{c}}^{\sqrt{d}} \frac{1}{\sqrt{2\pi}} e^{-\frac{x^2}{2}} dx \qquad (8\text{-}5)$$

となります。

ここで新たに確率変数$Y \equiv X^2$を定義します。（8-5）式をこの新しい確率変数を使って

$$\int_c^d k(y)dy$$

という形に書き換えられれば、この積分の中の関数$k(y)$が、Yの確率密度関数（すなわち、X^2の確率密度関数）になります。

よって、$y=x^2$の変数変換を行うと、$\dfrac{dy}{dx}=2x$ $\left(\therefore dx = \dfrac{dy}{2x}\right)$なので、積分範囲も$c$から$d$になり

$$(8\text{-}5)\text{式} = \int_d^c \frac{-1}{\sqrt{2\pi}\,2\sqrt{y}} e^{-\frac{y}{2}} dy + \int_c^d \frac{1}{\sqrt{2\pi}\,2\sqrt{y}} e^{-\frac{y}{2}} dy$$

$$= \frac{1}{2}\int_c^d \frac{1}{\sqrt{2\pi y}} e^{-\frac{y}{2}} dy + \frac{1}{2}\int_c^d \frac{1}{\sqrt{2\pi y}} e^{-\frac{y}{2}} dy$$
$$= \int_c^d \frac{1}{\sqrt{2\pi y}} e^{-\frac{y}{2}} dy$$

となります。これでX^2の確率密度関数$k(y)$が、

$$k(y) = \frac{1}{\sqrt{2\pi y}} e^{-\frac{y}{2}} \qquad (8\text{-}6)$$

と求まりました。この確率分布を**自由度1のχ^2分布**と呼びます。自由度とは、独立な確率変数の個数のことです。

確率変数Xは標準正規分布$N(0, 1)$に従うので、確率変数χ^2は「標準正規分布の分散」を表しています。したがってχ^2の確率密度関数である（8-6）式は、分散の分布を表していることになります。

■正規分布のχ^2分布

前節では、確率変数Xが標準正規分布$N(0, 1)$に従う場合の「自由度1のχ^2分布」を求めました。確率変数Zが正規分布$N(\mu, \sigma^2)$に従う場合には、（4-12）式の変数変換によって標準化されることはすでに見ました。ここでも、同じように

$$X = \frac{Z - \mu}{\sigma} \qquad (8\text{-}7)$$

の標準化の変数変換を使うと、χ^2は次のように表されま

す。

$$\chi^2 = X^2 = \left(\frac{Z-\mu}{\sigma}\right)^2 \tag{8-8}$$

このX^2はすでに求めたように（8-6）式のχ^2分布に従います。ということで、これは確率変数Zが正規分布$N(\mu, \sigma^2)$に従う場合には、この（8-8）式の右辺が（自由度1の）χ^2分布に従うことを表しています。

■自由度2以上のχ^2分布

標準正規分布に従う2変数X_1, X_2がある場合の自由度2のχ^2分布や、さらにnが大きいχ^2分布も同様にして求められますが、その計算は煩雑です。ここでは結果だけを書くと、

標準正規分布$N(0, 1)$に従う独立な確率変数をX_1, X_2, X_3, …, X_nとしたとき、その2乗の和

$$\chi^2 \equiv {X_1}^2 + {X_2}^2 + \cdots + {X_n}^2$$

は、自由度nのχ^2分布

$$k(x,\ n) = \frac{1}{\Gamma\left(\frac{n}{2}\right)2^{\frac{n}{2}}} x^{\frac{n}{2}-1} e^{-\frac{x}{2}} \tag{8-9}$$

に従う、ということになります。試しに、$n=1$を代入すると、（8-2）式より

$$k(x,\ 1)=\frac{1}{\Gamma\left(\frac{1}{2}\right)2^{\frac{1}{2}}}x^{-\frac{1}{2}}e^{-\frac{x}{2}}=\frac{1}{\sqrt{2\pi x}}e^{-\frac{x}{2}}$$

となり、(8-6) 式と同じになることが確認できます。

これはまた、確率変数$Z_1,\ Z_2,\ Z_3,\ \cdots,\ Z_n$が正規分布$N(\mu,\ \sigma^2)$に従う場合にも拡張できて、それぞれの確率変数に (8-8) 式と同様の標準化の変数変換を施すと、

$$\chi^2\equiv\left(\frac{Z_1-\mu}{\sigma}\right)^2+\left(\frac{Z_2-\mu}{\sigma}\right)^2+\cdots+\left(\frac{Z_n-\mu}{\sigma}\right)^2 \qquad (8\text{-}10)$$

が自由度nのχ^2分布に従うということになります。

■χ^2分布の組み込み関数

χ^2分布のエクセルの組み込み関数は、

CHIDIST$(t,\ n)$

です。CHIはカイを表し、DISTはdistributionを表します。この組み込み関数は、x軸上のtから$+\infty$まで確率密度関数$k(x,\ n)$を積分したものです。数式で書くと、

$$P(t,\ n)=\int_t^{\infty}k(x,\ n)dx \qquad (8\text{-}11)$$

です。

ブルーバックスのホームページから、「カイ二乗分布」のエクセルファイルをダウンロードして、1シート目を開

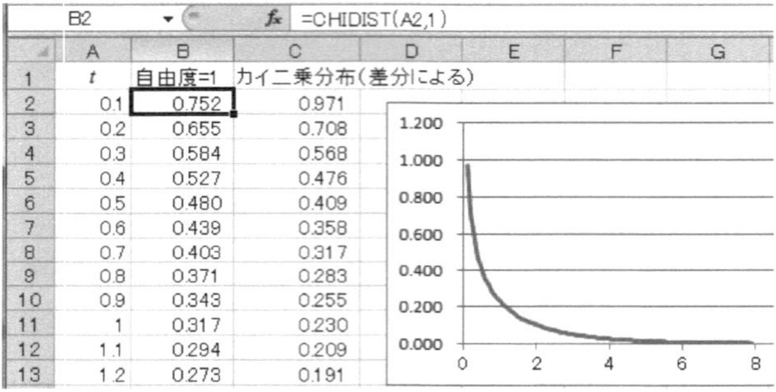
B2　fx　=CHIDIST(A2,1)

	A	B	C	D	E	F	G
1	t	自由度=1	カイ二乗分布(差分による)				
2	0.1	0.752	0.971				
3	0.2	0.655	0.708				
4	0.3	0.584	0.568				
5	0.4	0.527	0.476				
6	0.5	0.480	0.409				
7	0.6	0.439	0.358				
8	0.7	0.403	0.317				
9	0.8	0.371	0.283				
10	0.9	0.343	0.255				
11	1	0.317	0.230				
12	1.1	0.294	0.209				
13	1.2	0.273	0.191				

図8-2　自由度1のχ^2分布

くと、図8-2の画面が現れます。B2欄をクリックすると、図のように組み込み関数が現れます。

C列は、B2欄の差分をとったもので、例えば、C2欄をクリックすると

$$=(\mathrm{B2}-\mathrm{B3})/(\mathrm{A3}-\mathrm{A2})$$

が現れます。B列は（8-11）式の$P(t,1)$の値を示しているので、その差分をとっているC列を数式で書くと、

$$=-\frac{P(t+\Delta t,\ 1)-P(t,\ 1)}{\Delta t} \tag{8-12}$$

となります。差分を使って「傾き＝微分」を求めているわけです。これは、第4章の議論での（4-15）式に対応する式なので（正負は逆ですが）、（4-15）式と同様の議論から、C列が$k(x,1)$を求めていることがわかります。この求められた$k(x,1)$をプロットしたのが図8-2中のグラフで

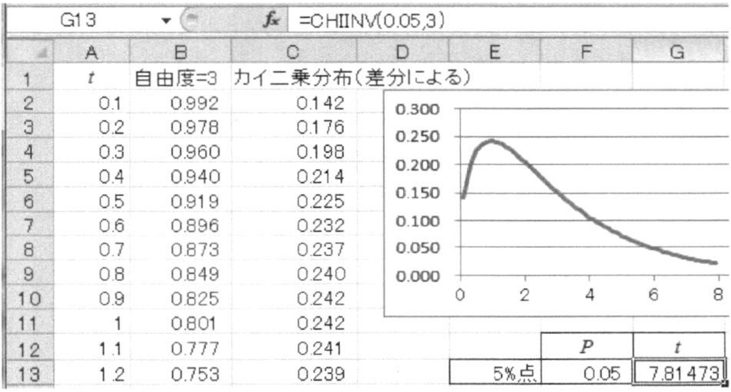

G13　f_x　=CHIINV(0.05,3)

	A	B	C	D	E	F	G
1	t	自由度=3	カイ二乗分布(差分による)				
2	0.1	0.992	0.142				
3	0.2	0.978	0.176				
4	0.3	0.960	0.198				
5	0.4	0.940	0.214				
6	0.5	0.919	0.225				
7	0.6	0.896	0.232				
8	0.7	0.873	0.237				
9	0.8	0.849	0.240				
10	0.9	0.825	0.242				
11	1	0.801	0.242				
12	1.1	0.777	0.241			P	t
13	1.2	0.753	0.239		5%点	0.05	7.81473

図8-3　自由度3のχ^2分布

す。横軸の値が大きくなるにつれて単調に減少していくことがわかります。

「カイ二乗分布」の2シート目には、自由度3のχ^2分布が計算されています（図8-3）。こちらはグラフからわかるように単調減少ではなく、山型になっています。

分布の信頼区間を求めるのに使われるのは、CHIDISTの逆関数である

$$\mathrm{CHIINV}(P, n)$$

です。nは自由度で、Pは（8-11）式の確率です。Pとnを入力すると、座標tを答えます。G13欄に、自由度3の場合の5パーセント点を求めています（図8-3中の右下）。

■標本分散のχ^2分布

ここまでのχ^2分布では、母平均μがわかっていました。

ところが実際の統計調査では、母平均がわからない場合もよくあります。そのような場合は、(8-10) 式のμを標本平均$\overline{X}$で置き換えざるをえないでしょう。つまり、確率変数X_1, X_2, X_3, …, X_nが分散σ^2の正規分布に従い、かつ母平均μが不明の場合は、χ^2として、

$$\chi^2 \equiv \left(\frac{X_1 - \overline{X}}{\sigma}\right)^2 + \left(\frac{X_2 - \overline{X}}{\sigma}\right)^2 + \cdots + \left(\frac{X_n - \overline{X}}{\sigma}\right)^2$$

を使わざるを得ないわけです。この量は (6-10) 式の不偏標本分散s^2を使うと、

$$\chi^2 \equiv \frac{(n-1)s^2}{\sigma^2} \qquad (8\text{-}13)$$

と書き換えられます。

このχ²は自由度$n-1$のχ^2分布に従うことがわかっています（証明に関心のある方は付録をご覧下さい)。

つまり、

不偏標本分散×$\dfrac{n-1}{\sigma^2}$　は、自由度$n-1$のχ^2分布に従う

ということです。なお、この場合は自由度がnではなく$n-1$であることに注意しましょう。

■メンデルの法則

χ^2分布は、**適合度検定**と呼ばれる検定でも活躍します。ここでは適合度検定を、メンデルの交配実験に使ってみま

メンデル（1822～1884）

しょう。20世紀初頭の統計学の発展は生物学（遺伝学）の発展と密接な関係があり、その遺伝学に大きな進歩をもたらしたのがメンデルの交配実験でした。

グレゴール・メンデルは、1822年にオーストリア（現在のチェコのモラヴィア地方）の農家に生まれました。苦学しながらオロモウツ大学で哲学と物理学を学びました。しかし経済的状況は苦しく、物理学の教員の紹介で、21歳の時にブリュンの修道院の修道士になりました。修道士と聞くと、お祈りばかりしているように誤解しがちですが、ブリュンの修道院長は植物の品種改良に熱心で修道院には植物園や温室がありました。メンデルは25歳で司祭になりましたが、1851年から2年間はウィーン大学の聴講生になり、物理学や数学、生物学を学びました。物理学は、ドップラー効果で有名なドップラーからも学びました。メンデルは修道院での仕事を続けながらも、長くブリュンの学校で教員も務めました。

メンデルの有名なえんどう豆の交配実験は、1853年から10年以上にわたって行われました。えんどう豆は品種改良によって多くの種類がありました。メンデルは遺伝的に安定した品種を選ぶために2年間にわたり30種類以上のえんどう豆を栽培しました。

メンデルはえんどう豆が持つ2種類の性質に注目しました。1つは豆が、

緑　か　黄色

かで、もう1つは、豆が

丸い（しわがない）　か　しわがある

かです。この2種類の性質については、2×2で次の4種類のえんどう豆に分類できます。

黄＆丸い　　黄＆しわ　　緑＆丸い　　緑＆しわ

メンデルは数世代にわたって交配しても、これらの性質を持ち続ける純粋な系統（純系）のえんどう豆を選び出しました。そして、この4種類のえんどう豆の相互で交配実験を行ったのです。

この交配実験で実った556個のえんどう豆を調べた結果、この4種類の豆の個数は次のように分けることができました。

ここで35個を基準にして、それぞれのケースがその何

黄＆丸い	黄＆しわ	緑＆丸い	緑＆しわ	計
315	101	108	32	556
56.65％	18.17％	19.42％	5.76％	

倍あるかを数字にしてみましょう。すると、

黄&丸い	黄&しわ	緑&丸い	緑&しわ	計
9	2.88	3.08	0.91	15.88

となります。これは整数比だと9：3：3：1に近い値です。

何か意味ありげな数字ですが、メンデルは次のような仮説を考え出しました。まず、この豆の色やしわの有無を決める遺伝子があると仮定します（当時、遺伝子の存在は明らかになっていなかったのですが、メンデルは遺伝情報を伝える粒子があると考えていました）。そして豆が黄色になる遺伝子をAと書き、緑色になる遺伝子をaと書くことにします。それから同じように豆のしわの有無を決める遺伝子があると仮定して、丸くなる（しわがない）遺伝子はBと書き、しわがある遺伝子をbと書くことにします。

このときめしべや花粉が持っている遺伝子は、

黄&丸い　　黄&しわ　　緑&丸い　　緑&しわ

の4種類の組み合わせですが、これらを記号で書くと

AB，Ab，aB，ab

の4通りとなります。

これらの花粉（親）をめしべ（親）に受粉させて、それぞれから遺伝子をもらってえんどう豆（子）が実るとします。そのとき、花粉の遺伝子がABで、めしべの遺伝子がabだったとすると、子の遺伝子は両方を受け継いで

AaBb

になるだろうと予想できます。このとき、色や形については大文字の遺伝子の方の性質だけが現れると仮定します。この性質が現れる遺伝子を**優性遺伝子**と呼び、性質が隠れてしまう遺伝子を**劣性遺伝子**と呼びます。この場合の「優性」とか「劣性」という言葉は、どちらの遺伝子の影響が現れるかを表しているのであって、「性質が優れているかどうか」を表しているわけではないことに注意しましょう。

すると、この考え方をすべての組み合わせについて当てはめると次のような表ができます。

めしべ＼花粉	AB	Ab	aB	ab
AB	AABB 黄&丸い	AABb 黄&丸い	AaBB 黄&丸い	AaBb 黄&丸い
Ab	AABb 黄&丸い	AAbb 黄&しわ	AaBb 黄&丸い	Aabb 黄&しわ
aB	AaBB 黄&丸い	AaBb 黄&丸い	aaBB 緑&丸い	aaBb 緑&丸い
ab	AaBb 黄&丸い	Aabb 黄&しわ	aaBb 緑&丸い	aabb 緑&しわ

(メンデルの実験)

ここでは例えば、花粉がAbでめしべがabだったとすると、子の遺伝子は、Aabbとなります。色を決める遺伝子のAとaではAの方が優性なので、黄色になります。また、しわの有無を決める遺伝子はbbなので、しわがあるということになります。よって、先ほどの表の該当枠には、「黄&しわ」と書かれています。

この表に従うならば、

黄&丸い		黄&しわ		緑&丸い		緑&しわ
9	:	3	:	3	:	1

の比率になります。これは先ほどの交配実験の比率とほぼ一致します。これが有名なメンデルの法則（の一部）です。

メンデルは、研究結果をまとめて1866年に論文として発表しました。また、ミュンヘン大学の植物学の教授のネーゲリ（1817～1891）にも論文を送りました。しかし、ネーゲリはメンデルの研究結果には懐疑的でした。

■適合度検定

556個の豆の分類が、9：3：3：1に対応するかどうか適合度検定を使ってみましょう。適合度検定では、この4種類について次のような式の計算をします。

$$\text{適合度} = \sum \frac{(\text{実験値} - \text{理論値})^2}{\text{理論値}}$$

この式からわかるように、実験値と理論値が近いほど適合度はゼロに近づきます。

556個の豆を9：3：3：1で配分すると、312.75：104.25：104.25：34.75になります。これが理論値です。実験値は前節で見たように、315：101：108：32なので、これらを代入して適合度を求めると、

$$適合度=\frac{(315-312.75)^2}{312.75}+\frac{(101-104.25)^2}{104.25}+\frac{(108-104.25)^2}{104.25}+\frac{(32-34.75)^2}{34.75}=0.47$$

となります。

証明は割愛しますが、この適合度は（分類数－1）を自由度とするχ^2分布に従うことが数学的にわかっています。この場合の分類数（「黄＆丸い」「黄＆しわ」など）は4なので、自由度は3になります。適合度検定で、適合していないと判断する場合の有意水準は5％や1％が用いられます。自由度3のχ^2分布の5パーセント点を求めると、7.81となるので（図8-3中の右下）、得られた0.47はかけ離れていることがわかります（つまり、よく適合しています）。

メンデルは、論文発表後の1868年に修道院長に就任しました。教会での職によって生計を立てていましたが、アマチュアの研究者として生物学のほかに気象学などの研究も続けました。亡くなったのは、1884年のことでした。

メンデルの法則は、メンデルの存命中は世間に知られることはありませんでした。1900年に3人の学者、ド・フリース（オランダ）、コレンス（ドイツ）、チェルマク（オーストリア）がそれぞれ独立にメンデルの法則を再発見しました。そして、34年も前に無名のアマチュア研究者であったメンデルがこの法則をすでに発見していたことに気付きました。3人の学者のうちコレンスの指導教授は、メンデルの論文に懐疑的だったネーゲリでした。また、チェルマクの祖父は、半世紀前にウィーンに留学していたメンデルに生物学を教えたことがあったそうです。

■ピアソン

適合度検定はさまざまな分野でよく使われていますが、これを生み出したのはイギリスの数学者のカール・ピアソン（1857〜1936）です。ピアソンは、1857年にロンドンに生まれました。大学はケンブリッジに進み、数学を専攻しました。ピアソンの関心は数学だけにとどまらず、ドイツに留学して文学や法律も学びました。当時イギリスに亡命していたカール・マルクス（1818〜1883）に心酔して、名前のカールのつづりをCarlからKarlに変えたとも言われています。ピアソンは1884年にロンドン大学の教授になり、近代統計学の創始者の1人になりました。

生物学にも興味を示し、進化論の共同研究も行いました。学術誌『Biometrika』も創刊しています。ダーウィン（1809〜1882）が『種の起源』を刊行したのは1859年で、進化論は大論争を呼び起こしました。ダーウィンが1882年に国葬で送られたとき、ピアソンは25歳だったので、少年期から青年期にかけて進化論の論争を身近に体験したことになります。ピアソンはまた、当時一部で流行した優生学にも興味を持ちました。優生学とは人類の優秀な遺伝的な性質を残すという学問で、ヨーロッパ諸国が世界中に植民地を持ち、白人の人種的優越が信じられていたころに広まりました。帝国主義の時代とダーウィンの進化論が、

ピアソン（1857～1936）

優生学の隆盛に影響を及ぼしていたとも言えます。

ピアソンは、母集団すべてを対象とする記述統計学の分野で大きな貢献をしました。また、科学に関する1892年の著書の『科学の文法（*The Grammar of Science*）』は多くの読者を得て、現在も版を重ねています。

約50年にわたりロンドン大学に奉職し、1933年に退職しました。優れた業績に対して、大英勲章やナイトの叙勲の話もあったようですが、社会主義を支持していたためか辞退しています。亡くなったのは1936年のことです。息子のエゴン・ピアソンも統計学者になり、父の後を継いで教授になりました。

さて、本章では、正規分布の惑星としてχ^2分布とそれを用いた適合度検定を学びました。次章では、正規分布のプリンスとでも言うべきt分布を見てみましょう。

本の統計分布は？

ここまでにいくつかの統計分布を見ましたが、本の売り上げはどのような統計分布に従うのでしょうか。日常では、「100万部のベストセラー」という言葉をテレビなどで耳にすることがあるので、ミリオンセラーが存在することは確かです。ここから、多くの本も100万部とはいかないにしても10万部や5万部は売れているのだろうと考える方も少なくないでしょう。

この本の売上の分布については、2011年の日本物理学会誌（Vol.66, p.60）に論考が載ったので紹介しましょう。著者は、出版社の編集者の久保田創氏で物理学科卒という経歴の持ち主です。久保田氏の論考によると、本の売り上げは、

$$売り上げ部数＝1位の本の売り上げ部数\times順位^{-0.6}$$

という「べき分布」に従うそうです。べき分布とはこの式のように、xのy乗という形で書けるものです。ここで1位の本の売り上げ部数を150万部と仮定すると、1万位で売上は5972部となり、2万位で3940部となります。なるほど、1万位や2万位のような下位の本だとその程度しか売れないのか、と多くの方は思うことでしょう。

しかし、読者の方々には意外に思われるかもしれませんが、1万位や2万位というのは、下位の本ではなく、むしろよく売れている本なのです。なぜなら、1年間に生み出される新刊本は7万種もあり、書店に流通する本はおよそ50万種もあるのです。つまり、1万位や2万位というのは、全体の上位50分の1から25分の1に相当する優良書籍ということになります。何部売れると採算がとれるかは出版社によ

って異なると思いますが、おおよそ1万部から2000部ぐらいの間でしょう。したがって、少数種のベストセラーの黒字で、多数種の赤字を補っているということになります。

では、拙著のブルーバックスの売り上げはどうでしょうか。拙著の編集担当氏の答えは、さすがにプロらしくシブいものです。氏の答えは、「カタい本の中ではよく売れています」です。氏によると、出版社では「数式が1つ増えるごとにX部売り上げが減る」という統計上の経験則があるそうです。X部の値は、ジャンルによっても異なるのでしょう。拙著の『高校数学でわかるシリーズ』などは、ブルーバックスの中でも飛び抜けて数式が多いので、この仮説のもとでは棄却されかねない存在のようです。

第9章

正規分布のプリンス、それはt分布

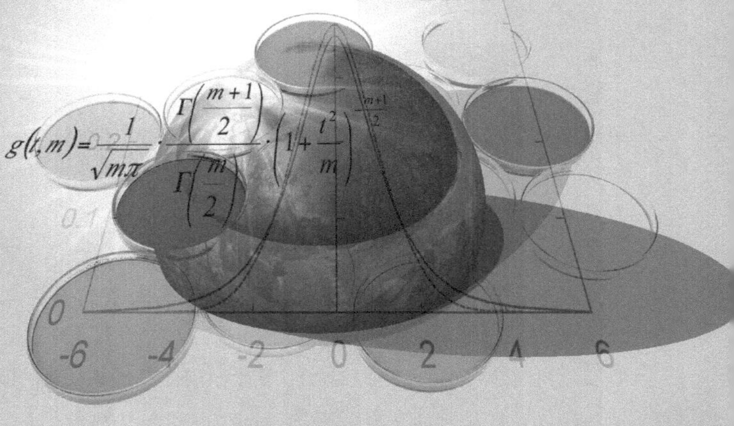

■t分布

正規分布に密接に関係する分布の2番目としてt分布を見ることにしましょう。このt分布はまた、先ほどのχ^2分布とも関係しています。

初めにt分布が何に使われるかを、まず押さえておきましょう。t分布が使われるのは、

「正規分布を持つ母集団」から取り出した標本の平均

を対象とする場合で、

母平均μと母分散σ^2が不明の場合

です。この母平均と母分散が不明であるというのは、実際の統計調査では最もよくあるパターンです。なので、t分布は様々なところで大活躍しています。正規分布が「分布の女王」なら、t分布は「分布のプリンス」と言ったところです。

母平均と母分散が不明の状況においては、普通は標本平均$\overline{X}$と不偏標本分散s^2の値を、実際に調査して求めます。したがって、$\overline{X}$とs^2の値はわかっていることになります。この場合に、母集団の平均（未知）がどの程度、標本平均（既知）に近いかを判断するのに用いられるのが、t分布です。

母集団の分散σ^2がわかっている場合は、前章で見たように標本平均$\overline{X}$は、(6-14) 式の変数変換をほどこすと、標準正規分布$N(0, 1)$に従いました。ところが、今回はσ^2が未知なので、代わりに測定可能な不偏標本分散s^2を使わざるを得ないということになります。したがって、(6-14)

式のσ^2をs^2で置き換えた新しい変数を使うことにして、これをtで表すことにしましょう。

$$t \equiv \frac{\overline{X} - \mu}{\frac{s}{\sqrt{n}}} \tag{9-1}$$

ここで、nは標本の大きさです。この確率変数tが従うのがt分布で、確率密度関数は次式で表されます（この証明もレベルが高いので、関心のある読者の方は付録をご覧下さい）。

$$g(t,\ m) = \frac{1}{\sqrt{m\pi}} \cdot \frac{\Gamma\left(\frac{m+1}{2}\right)}{\Gamma\left(\frac{m}{2}\right)} \cdot \left(1 + \frac{t^2}{m}\right)^{-\frac{m+1}{2}} \tag{9-2}$$

ここで、mは自由度を表し、標本の大きさnとは$m = n - 1$の関係があります。(9-2) 式は、一見すると複雑な式のように見えますが、よく見ると変数tは右端に1つしかないことがわかります。

このt分布の形をグラフにすると、図9-1になります。

この分布は、自由度mが小さいときには正規分布より平たい形をしています。しかし、mが30ぐらいになると正規分布との差はほとんどなくなります。

t分布のエクセルの組み込み関数は、確率を計算する

TDIST$(h,\ m,\ l)$

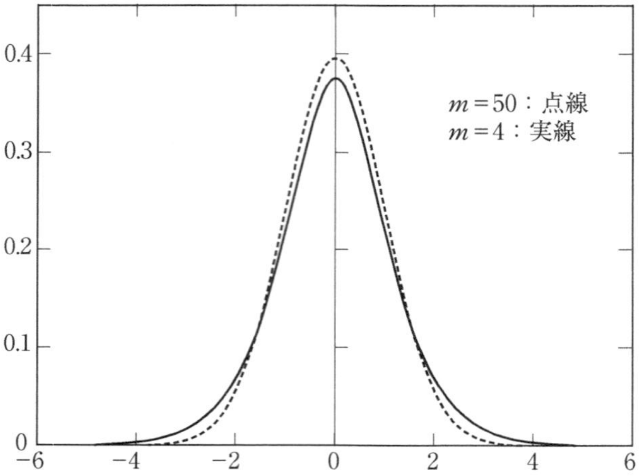

図9-1　自由度4と50のt分布

と、その逆関数の

$$\mathrm{TINV}(p,\ m)$$

です。hは座標を表し、mは自由度です。$l=1$とすると片側分布の確率を計算し、$l=2$とすると両側分布を計算します。(9-2) 式の確率密度関数$g(t,\ m)$を使って$l=1$の場合を書くと

$$\mathrm{TDIST}(h,\ m,\ 1)=\int_h^{\infty} g(t,\ m)dt$$

です。図9-1の右半分の面積の計算に対応し、$h=0$の場合にこの積分は0.5になります。

B2　=TDIST(A2,4,1)

	A	B	C	D	E	F
1	h	自由度=4	t分布(差分による)			
2	0	0.500	0.374			
3	0.1	0.463	0.370			
4	0.2	0.426	0.361			
5	0.3	0.390	0.348			
6	0.4	0.355	0.331			
7	0.5	0.322	0.312			
8	0.6	0.290	0.292			
9	0.7	0.261	0.270			
10	0.8	0.234	0.248			
11	0.9	0.210	0.226			
12	1	0.187	0.204		TINV(0.05, 36)	2.028

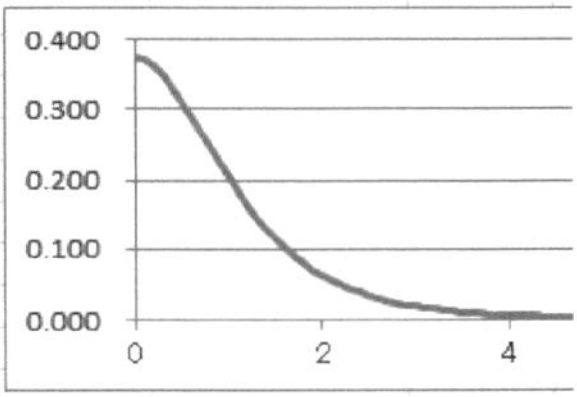

図9-2　自由度4の片側分布

エクセルファイル「t分布」の1シート目に、自由度が4の場合の片側分布を計算しています（図9-2）。図中のカーブは、χ^2分布のときと同じように差分を使って求めたものです。また、2シート目には自由度が20の場合の片側分布を計算しています。

■回帰分析の相関係数の妥当性の検定にt分布を使う

t分布の活躍の場は広く、回帰分析の相関係数の妥当性の検定にも使われます。n個の標本(x_1, y_1), …, (x_n, y_n)があって、確率変数Xのデータx_1, …, x_nと確率変数Yのデータy_1, …, y_nはそれぞれ正規分布に属しているとします（例えば、身長と体重）。このとき、この両者の間に相関がないときには、次の変数t

$$t=\sqrt{n-2}\,\frac{r_{XY}}{\sqrt{1-r_{XY}{}^{2}}} \qquad (9\text{-}3)$$

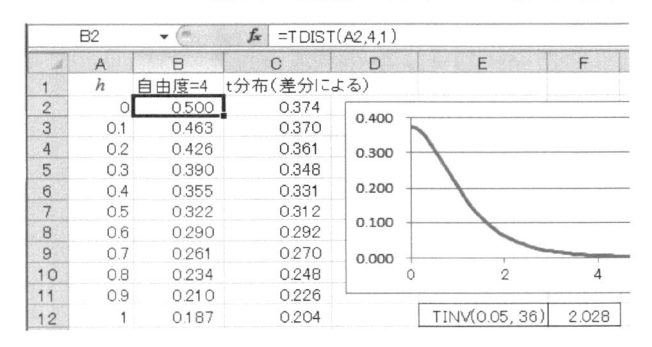

が自由度$n-2$のt分布に従うことがわかっています。ここでr_{XY}は（2-12）式

$$r_{XY}=\frac{S_{XY}}{S_X S_Y}$$

の標本の相関係数です。したがって、帰無仮説を

母集団のXとYは無相関

として、（9-3）式のtの値を計算して、これがt分布の95パーセント点や99パーセント点より大きければ帰無仮説を棄却でき、「母集団のXとYには相関がある」ということになります。

【例題】 38人の学生の身長と体重を測定したところ、身長と体重の相関係数は0.5でした。身長と体重は無相関という仮説を有意水準5％で検定しましょう。

【解き方】（9-3）式を使うと

$$\begin{aligned} t &= \sqrt{38-2}\frac{0.5}{\sqrt{1-0.5^2}} \\ &= \frac{6\times 0.5}{\sqrt{1-0.5^2}} \\ &= \frac{3}{\sqrt{0.75}} \\ &= 3.464 \end{aligned}$$

となります。これは自由度36のt分布に従うので、その5パーセント点を求めましょう。組み込み関数のTINV(p, m)に$p = 0.05$と$m = 36$を入力すると

$$\mathrm{TINV}(0.05, 36) \rightarrow 2.028$$

となります（エクセルファイル「t分布」の1シート目のF12欄）。3.464はこれより大きいので、「身長と体重は無相関である」という帰無仮説は有意水準5％で棄却されました。

■t分布を生み出した謎の研究者

t分布の論文は1908年に『Biometrika』誌に登場しました。しかし、著者の名前はStudentと記されていて、本名は不明でした。このため、t分布は「スチューデントのt分布」と呼ばれるようになりました。

t分布を世に出したこの謎の研究者は、イギリスのビール醸造会社ギネスの技師のゴセット（1876～1937）でした。ゴセットはオックスフォード大学を卒業した後、ギネスに就職しましたが、大麦の品質やビールの製造工程の管理に統計的手法を用いました。1906年から2年間はピアソンの研究室でも研究しています。ゴセットはビール製造時などの品質管理に、少数のサンプルを用いることが多かったのですが、その場合に標本集団が正規分布からずれることに気づき、t分布を発見しました。本名のゴセットを隠してスチューデントというペンネームを用いたのは、ギネスが対外発表を禁じていたことによります。

ゴセット（1876～1937）

ゴセットのt分布は、記述統計学の発展として新たに推測統計学を生み出すことになりました。ピアソンはゴセットの研究に注目しませんでしたが、やがて新たな天才フィッシャーがその重要性に気づきました。

■F分布

χ^2分布、t分布に続いて第三の分布であるF分布を見てみましょう。自由度m_1のχ^2分布に従う確率変数をX_1とし、自由度m_2のχ^2分布に従う確率変数をX_2とします。この両者が独立なときに、次式で定義される新たな確率変数

$$f \equiv \frac{\dfrac{X_1}{m_1}}{\dfrac{X_2}{m_2}} \qquad (9\text{-}4)$$

がF分布に従います。F分布の導出は複雑なので割愛しますが、確率密度関数は次式で表されます。

$$h(f,\ m_1,\ m_2)=\frac{\Gamma\left(\frac{m_1+m_2}{2}\right)\left(\frac{m_1}{m_2}\right)^{\frac{m_1}{2}}}{\Gamma\left(\frac{m_1}{2}\right)\Gamma\left(\frac{m_2}{2}\right)}f^{\frac{m_1}{2}-1}\left(1+\frac{m_1}{m_2}f\right)^{-\frac{m_1+m_2}{2}}$$

ガンマ関数が3つも登場するこの式は、なかなか複雑な形をしています。しかし実際の計算ではこのあと述べるエクセルの組み込み関数を使えば簡単に計算できます。

このF分布が活躍する例の1つは、次のような2つの正規分布がある場合です。それは、

標本の大きさがn_1で不偏標本分散が${s_1}^2$であり
母分散が${\sigma_1}^2$である分布

と、

標本の大きさがn_2で不偏標本分散が${s_2}^2$であり
母分散が${\sigma_2}^2$である分布

がある場合です。(8-13) 式の

$$\chi^2\equiv\frac{(n-1)s^2}{\sigma^2}$$

のところで、不偏標本分散を含むχ^2が自由度$n-1$のχ^2分布に従うということを知りました。それに従うならば、この2つの正規分布に関する確率変数、

$$X_1 \equiv \frac{(n_1-1)s_1{}^2}{\sigma_1{}^2} \quad と \quad X_2 \equiv \frac{(n_2-1)s_2{}^2}{\sigma_2{}^2}$$

は、それぞれ自由度$m_1 \equiv n_1 - 1$と$m_2 \equiv n_2 - 1$のχ^2分布に従うことになります。よって、これらを（9-4）式に代入すると、

$$f \equiv \frac{X_1/m_1}{X_2/m_2} = \frac{\dfrac{(n_1-1)s_1{}^2}{\sigma_1{}^2}\Big/(n_1-1)}{\dfrac{(n_2-1)s_2{}^2}{\sigma_2{}^2}\Big/(n_2-1)}$$

$$= \frac{s_1{}^2/\sigma_1{}^2}{s_2{}^2/\sigma_2{}^2}$$

$$= \frac{s_1{}^2\sigma_2{}^2}{s_2{}^2\sigma_1{}^2} \qquad (9\text{-}5)$$

がF分布に従うことになります。

特に、母分散が等しい場合$(\sigma_1{}^2 = \sigma_2{}^2)$には、（9-5）式は、

$$f = \frac{s_1{}^2}{s_2{}^2}$$

となるので、不偏標本分散の比がF分布に従うことになります。したがって、この場合にはF分布を使って不偏標本分散の比を調べることができます。F分布は、また、少し後で述べる分散分析でも活躍します。

F分布に関するエクセルの組み込み関数は、確率を計算する

$$\mathrm{FDIST}(x,\ m_1,\ m_2)$$

と、その逆関数の

$$\mathrm{FINV}(p,\ m_1,\ m_2)$$

です。xとpは座標（確率を求める積分の下限）と確率を表し、m_1とm_2は自由度です。

■フィッシャー

F分布のFは、イギリスの統計学者ロナルド・フィッシャー（1890～1962）にちなんで付けられています。フィッシャーは近代統計学の父とも呼ばれています。1890年生まれのフィッシャーは、ピアソンとは親子ほど年齢が違います。1909年にケンブリッジ大学に進み、遺伝学、生物学に興味を持ちました。フィッシャーは遺伝学に必要な統計学も学び、またピアソンと同様に優生学にも関心を示しました。大学では、進化論で有名なダーウィンの息子らと優生学の研究グループも作りました。

卒業後は、パブリックスクールで教えたりしながら、遺伝学と統計学の研究を続けました。1919年に、ハートフォードシャー州のロザムステッド農業試験場に研究員として就職しました。この時期から、統計学の重要な論文を多数発表し始めました。

しかし、フィッシャーの初期の論文発表はたいへん困難なものでした。フィッシャーがピアソンの論文の問題点を指摘したことから、二人は不仲となり、『Biometrika』誌はフィッシャーの論文を掲載しませんでした。また、王立協会に投稿した論文は、ピアソンが査読者になると落とされました。フィッシャーの立場に立つならば、歯ぎしりするほどくやしかったことでしょう。

フィッシャーを救ったのは、フィッシャーが書いた論文が持っている力でした。ピアソンは母集団を対象とする記述統計学の開拓者でしたが、一世代若いフィッシャーは比較的少数の標本集団を対象とする推測統計学を切り開きました。ゴセットによるt分布は少数の標本集団を扱う統計学の代表ですが、フィッシャーはt分布の重要性にいち早く気づき、その体系化に貢献しました。ゴセットはピアソンとフィッシャーという対立しあう二人の巨頭の共通の知人でした。

フィッシャーは1925年と1935年には統計学の重要な著書を出版しました。研究の重要性が認められたフィッシャーは、1933年にロンドン大学に教授として移りました。一時期は、同じ建物の1階にピアソンがいて、2階にフィッシャーがいたこともあったようです。フィッシャーはF分布や

フィッシャー（1890～1962）
©SPL/PPS

次節で述べる分散分析を生み出しました。また、χ^2検定やt分布などの高度化と体系化に貢献し、集団遺伝学の分野でも大きな貢献をしています。

1943年に母校のケンブリッジ大学に移り、その後は数多くの賞を受け、1952年にはナイトの称号も授かりました。ケンブリッジ大学を1957年に退職した後、オーストラリアの研究所に移り、1962年にオーストラリアで亡くなりました。晩年にはタバコとガンの因果関係を調べる疫学調査の問題点を指摘し続けました。愛煙家だったフィッシャーが、パイプをくゆらせている写真が残っています。

■分散分析

フィッシャーは、複数の分布の平均を比べる手段として**分散分析**を生み出しました。分散分析の例として、3種類の薬A, B, Cがあり、それぞれ4人の被験者を使って3ヵ月にわたって、薬効があるかどうかを調べた場合を考えましょう。被験者の最初の健康状態を100％として、3ヵ月後の効果をパーセントで表したのが次の表（図9-3）です(エクセルファイル「分散分析」)。

例えば薬Aを飲んだ番号1の被験者の健康状態は103％に改善されていますが、薬Bを飲んだ番号1の被験者（薬Aを飲んだ番号1の被験者とは別人）の健康状態は97％に悪化しています（実際にこの種の実験を行う場合には、もっと多くの被験者を使いますが、ここで4人としたのは、あくまで計算を簡単にするためです)。

分散分析では、この3つの薬の効果が等しいという帰無

E9 f_x =(F6/2)/(E7/9)

	A	B	C	D	E	F	G
1	被験者＼薬	A	B	C			
2	1	103.00	97.00	106.00			
3	2	116.00	94.00	90.00			
4	3	106.00	91.00	99.00			
5	4	102.00	87.00	101.00	↓標本平均	↓級間変動	
6	平均	106.75	92.25	99.00	99.33	421.17	
7	平方和	122.75	54.75	134.00	311.50	←級内変動	
8							
9					6.08	←F_v	
10							
11					4.26	←95パーセント点	
12					8.02	←99パーセント点	

図9-3　薬A,B,Cの分散分析

仮説を立てます。そして、この後で述べる**級間変動**と**級内変動**という量を使って

$$f_V \equiv \frac{\text{級間変動} \times (\text{標本の大きさ} - \text{級の個数})}{\text{級内変動} \times (\text{級の個数} - 1)} \qquad (9\text{-}6)$$

という量を計算します。この値がF分布に従うことが数学的にわかっているので、F分布による検定（F検定）が行えます。

これらの量を計算するために図9-3の表では各列に、薬Aの標本平均＝106.75，Bの標本平均＝92.25，Cの標本平均＝99.00を記し、全体の標本平均＝99.33をその右に記しています。

F列の級間変動というのは、(標本の値－平均)^{2}の和で、一種の分散を表しています。薬A，B，Cのグループを**級**と呼びますが、それぞれの級内の変動は

$$
\begin{aligned}
\text{Aの級内の変動} &= (103-106.75)^2+(116-106.75)^2\\
&\quad +(106-106.75)^2+(102-106.75)^2\\
&= 122.75
\end{aligned}
$$

となり（B7欄）、同様に計算して

Bの級内の変動 ＝ 54.75　　（C7欄）
Cの級内の変動 ＝ 134.00　（D7欄）

となります。このそれぞれの変動は薬の効果が人によって異なることから生じているものです。例えば、もし薬Aの効果が万人に対して同じであったとしたら、被験者1から4までの効果はすべて同じになるので、この級内の変動はゼロになります。

この3つの級内の変動の合計を級内変動と呼びます。

級内変動（E7欄） ＝ Aの変動（B7欄） ＋ Bの変動（C7欄） ＋ Cの変動（D7欄）

級内変動は、薬の種類の差異とは無関係な変動を表しています。

次に、級間変動という量を計算しましょう。級間変動は、

$$
\begin{aligned}
\text{級間変動（F6欄）} &= (\text{Aの標本平均}-\text{全体の標本平均})^2\times\text{標本の大きさ}\\
&\quad + (\text{Bの標本平均}-\text{全体の標本平均})^2\times\text{標本の大きさ}\\
&\quad + (\text{Cの標本平均}-\text{全体の標本平均})^2\times\text{標本の大きさ}
\end{aligned}
$$

です。級間変動はこのように、それぞれのグループの標本

平均の分散を表しています。もし、薬A，B，Cの効果に明確な差があるなら、この級間変動の値は大きくなるでしょう。例えば、薬Aが特によく効くのであれば、Aの標本平均の値は全体の標本平均の値から大きくずれるでしょう。

（9-6）式は、級間変動を級内変動で割っているので、薬の効果がA，B，Cの間で明確な違いがあり、薬の効き方に個人差が全くないときには、この式の値は大きくなるだろうと予想できます。逆に、薬の効果の差がA，B，Cの間でほとんどなく、それよりも各級内の変動（個人差）の方が大きいとすると、この式の値はゼロに近い小さな値になるだろうと予想できます。

（9-6）式は、級間変動に（標本の大きさ－級の個数＝12－3＝9）をかけて、級内変動と（級の個数－1＝3－1＝2）で割ったものなので（E9欄）、6.08になります。先ほど述べたように、この値がF分布に従うことが数学的にわかっています。

F分布の95パーセント点をエクセルの組み込み関数を使って求めると、自由度2と9では、

$$\mathrm{FINV}(0.05,\ 2,\ 9) \rightarrow 4.26$$

となるので（E11欄）、4.26以上で帰無仮説が棄却されることがわかります。先ほど得られた値は6.08なので、3つの平均値が等しいという帰無仮説は有意水準5％で棄却されたことになります（ちなみに有意水準1％ではE12欄のように99パーセント点は8.02となるので、棄却できませ

ん）。

ここでは、結果に影響を及ぼすものとして、薬の種類という1つの要因だけを変化させました。このように動かす要因が1つのみの分散分析を、**一元配置分散分析**と呼びます。それに対して、2つの要因について調べる場合を**二元配置分散分析**と呼びます。例えば、薬の種類に加えて、被験者の年齢をもう1つの要因として加えるとしましょう。年齢を20～39歳、40～59歳、60歳以上の3つに分類して、薬A，B，Cの効果を調べるとするとこれは二元分散分析になります（表の縦軸と横軸にこれらの項目を並べて集計し、それらの項目の影響の大きさを調べる手法を**クロス集計**と呼びます）。

二元分散分析の2つの要因には、お互いに相互作用がある場合と、独立な場合があります。例えば、薬Aがこの3つの年齢の被験者に対して同じ効果を示したとすると、これは独立です。一方、仮に薬Aが20～39歳の若い被験者に特に効果があったとすると、これはなんらかの相互作用があったと考えることができます。この場合は、薬Aは若い人専用の薬として売り出すことができるかもしれません。統計学では、この相互作用を**交互作用**と呼びます。英語では、interactionという単語で、物理学などほとんどの分野では、相互作用と和訳しています。さらに詳しく二元分散分析を学びたい方は専門書をご覧ください。ここまでの知識を習得していれば容易に理解できるものと思います。

さて本章では、正規分布の周りをめぐる惑星とでも言うべきt分布とF分布について理解しました。これらは難易度において、正規分布や二項分布より一段高い所に位置しています。本書では、過度に難しくならないレベルで読み進められるように、t分布の導出は付録に回し、F分布の導出は割愛しました。

次章では、本書の最後を締めくくる「母なる関数」を見ることにしましょう。

紅茶にミルクと、ミルクに紅茶では味が異なるか？

近代統計学の建設者であるフィッシャーとピアソンの闘いは、『統計学を拓いた異才たち』（デイヴィッド・サルツブルグ著、竹内惠行 熊谷悦生訳、日経ビジネス人文庫）に登場します。その内容も興味深いのですが、冒頭のまったく別の話も面白いものです（そちらが原題『The Lady Tasting Tea』になっています）。それは、農業試験場でのできごとで、お茶の会で、ある婦人が紅茶にミルクをいれるのと、ミルクに紅茶をいれるのでは味が違うと言ったことに、フィッシャーが関心を持ったことから始まります。

物理（化学）的には、時間をかけてゆっくり混ぜ合わせた場合には、両者が違うだろうということは予想できます。というのは、ミルクの中のタンパク質は熱によって変性し、変性の程度は温度が高いほど大きくなるからです。仮に、紅茶とミルクの量が同じ場合を考えると話がわかりやすいでしょう。90度の紅茶が80ccあり、これに20度のミルク80ccをゆっくり注いだとすると、ミルクが少しずつ注がれるにつれて、紅茶の温度は90度から始まって55度にむかって下がっていきます。ミルクは少量ずつ注がれるので、ミルクの温度もこの90度から55度に下がる温度変化を経験します。これはタンパク質が変性するのに十分な温度です。特にミルクをぐつぐつ煮てしまったことがある方はおわかりのように、高温ではミルクは固まって膜を作ります。

一方、逆に20度のミルク80ccに少量ずつ紅茶を注いでいった場合には、ミルクの温度は20度から55度に向かって上がって行きます。温度が40度を超えるあたりからタンパク質の変性が始まりますが、前者に比べて変性の程度は小さくなります。したがって、紅茶にミルクを注ぐのと、ミルクに紅茶を注ぐのでは味が異なるでしょう。

では、「どちらがおいしいのか？」ですが、それはお時間のあるときに試してみて下さい。

第10章

母なる関数とは

■確率母関数

第1章で、期待値と分散という2つの重要な量を理解しました。この2つの量を求めるときに、さらに上位概念の「ある関数」を使って求める方法があります。上位概念というと高級でカッコいいのですが、統計学の学習ではこの関数に躓《つまず》いてしまう人も少なくないようです。この関数を使わなくても、多くの場合は間に合うのですが、知っておくととても便利なのです。

この上位概念の関数を**確率母関数**と呼びます。英語では、probability generating functionと書きます。直訳すると確率生成関数で、「確率を生み出す元となる関数」という意味です。さて、その確率母関数は、

$$P(z)=\sum_{i} p_i z^{x_i} \qquad (10\text{-}1)$$

という形をしています。これからどのように確率を生み出すかと言うと、これに

$z=1$を代入

すれば求められます。代入してみると、

$$P(1)=\sum_{i} p_i 1^{x_i}$$

$$=\sum_{i} p_i$$

となり、確率を表す式になっています。

次に期待値も確率母関数から求められます。どうするかというと、

確率母関数を微分して、$z=1$を代入

します。やってみましょう。まず、確率母関数の微分をとると

$$P'(z)\equiv\frac{dP(z)}{dz}=\frac{d}{dz}\sum_i p_i z^{x_i}$$
$$=\sum_i p_i\frac{d}{dz}z^{x_i}$$
$$=\sum_i p_i x_i z^{x_i-1}$$

となり、これに$z=1$を代入すると、

$$P'(1)=\sum_i p_i x_i$$

となり、(1-2) 式

$$E(X)\equiv\mu=\sum_i x_i p_i$$

と同じになるので

$$E(X)=P'(1) \tag{10-2}$$

であることがわかります。

さらに分散も求められます。分散は期待値を使って (1-5)

式の$V(X)=E(X^2)-E^2(X)$から求められ、かつ（10-2）式で$E(X)$が得られるので、後は$E(X^2)$を求めればよいことがわかります。この$E(X^2)$は、この後ですぐに示すように、確率母関数を使って

$$E(X^2)=P''(1)+P'(1) \tag{10-3}$$

と書くことができます。確率母関数の1回微分と2回微分を求めてそれぞれに1を代入すればよいのです。この（10-3）式を確かめてみましょう。まず、2回微分を求めると

$$\begin{aligned} P''(z) &\equiv \frac{d^2P(z)}{dz^2}=\frac{d}{dz}\frac{dP(z)}{dz} \\ &=\frac{d}{dz}\sum_i p_i x_i z^{x_i-1}=\sum_i p_i x_i \frac{d}{dz}z^{x_i-1} \\ &=\sum_i p_i x_i(x_i-1)z^{x_i-2} \end{aligned}$$

となるので、これに$z=1$を代入すると、

$$\begin{aligned} P''(1) &=\sum_i p_i x_i(x_i-1) \\ &=\sum_i(p_i x_i^2-p_i x_i)=\sum_i p_i x_i^2-\sum_i p_i x_i \\ &=E(X^2)-E(X)=E(X^2)-P'(1) \end{aligned} \tag{10-4}$$

となります。よって、（10-3）式が成り立ちます。

分散はこの（10-2）式と（10-3）式を（1-5）式に代入して

$$V(X)=E(X^2)-E^2(X)$$
$$=P''(1)+P'(1)-\{P'(1)\}^2$$

となります。このように確率母関数から確率、期待値、分散が生み出せる（generating）ので、〝母〟なる関数であるというわけです。

この確率母関数を理解したということは、確率・統計学の学習においては大きな一歩なので、ここで大きく深呼吸をしておきましょう。

■モーメントって何？

確率母関数と類似の働きをする関数で、確率母関数に劣らずに活躍する関数が**モーメント母関数**です。モーメント母関数は**積率母関数**とも呼ばれます。英語では、moment generating functionと書きます。「積率＝モーメント」です。

この「統計学のモーメント」は「物理学のモーメント」との類推で名づけられました。物理学のモーメントは、長さ×力で表される量で、典型的にはシーソーを思い浮かべればよいでしょう。

モーメント＝長さ×力

図10-1のようなシーソーを例にとります。シーソーの支点から距離$2L$の左側に体重25キログラムの子供が座り、支点から距離Lの右側に体重50キログラムの大人が座ると、シーソーは釣り合って水平になります。右と左

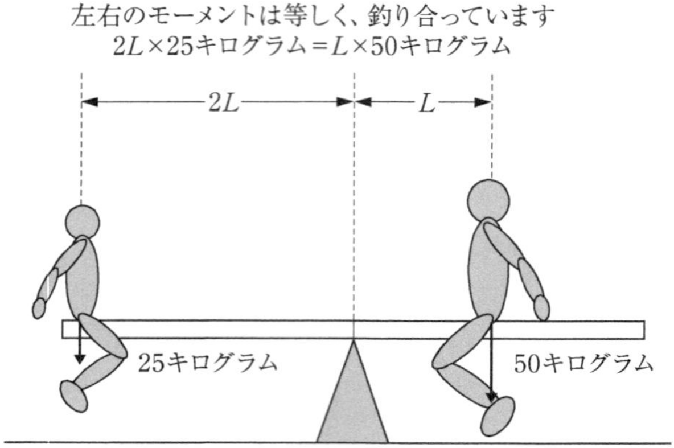

図10-1

で、体重が違うのに、シーソーが釣り合うのは、この後で見るように左右のモーメントが等しいからです（簡単のためにシーソー自身の重さはゼロであると仮定します）。

2人のモーメントを計算してみましょう。ここで働く力は、重力による体重だけです。右回りのモーメントを正にとると、

$$
\begin{aligned}
\sum(\text{長さ}\times\text{力}) &= \text{子供のモーメント} + \text{大人のモーメント} \\
&= -2L\times 25\,\text{キログラム} + L\times 50\,\text{キログラム} \\
&= 0
\end{aligned}
$$

となります。

確率統計学でのモーメントは、この「長さ×力」の類推で、

$$E(X)=\sum_i x_i p_i$$

と定義されています（1次モーメント）。シーソーの図との対比で考えると、確率p_iが力（体重）に対応し、x_iがシーソーの支点からの長さに対応します。

モーメントには、2次や3次のものも定義できます。例えば、2次のモーメントは

$$E(X^2)=\sum_i x_i^2 p_i$$

となります。

■モーメント母関数とは

モーメントを生み出す母関数を見てみましょう。モーメント母関数は次式のような形をしています。

$$M_x(t)=\sum_i e^{tx_i} p_i \qquad (10\text{-}5)$$

確率p_iに指数関数e^{tx_i}がかかっています。奇妙な形をしていますが、このモーメント母関数から、どのようにモーメントを導き出すのでしょうか。

先ほどの確率母関数の場合は、「微分して1を代入する」という操作で期待値などが得られました。実はモーメント母関数にも似たような操作を行います。モーメント母関数では

微分して0を代入する

のが基本的な操作です。計算してみましょう。

まず、(10-5) 式をtで微分してみると、

$$
\begin{aligned}
M_x{}'(t) = \frac{dM_x(t)}{dt} &= \frac{d}{dt}\sum_i e^{tx_i} p_i \\
&= \sum_i \left(\frac{d}{dt} e^{tx_i} \right) p_i = \sum_i \left(\frac{d(tx_i)}{dt} \frac{d}{d(tx_i)} e^{tx_i} \right) p_i \\
&= \sum_i x_i e^{tx_i} p_i
\end{aligned}
$$

となります。数式の2行目では、微分の変数をtからtx_iに変換しました。これに、$t = 0$を代入すると、

$$
M_x{}'(0) = \sum_i x_i \, p_i = \mu \qquad (10\text{-}6)
$$

となります。この結果は見ての通りで、1次のモーメント、すなわち期待値が得られました。

2次のモーメントも同じように、2回微分をとって$t = 0$を代入すると得られます。計算すると、

$$
\begin{aligned}
M_x{}''(t) = \frac{d^2 M_x(t)}{dt^2} &= \frac{d}{dt}\sum_i x_i e^{tx_i} p_i \\
&= \sum_i x_i \frac{d(tx_i)}{dt} \frac{d}{d(tx_i)} e^{tx_i} p_i = \sum_i x_i^2 e^{tx_i} p_i
\end{aligned}
$$

となり、これに$t = 0$を代入すると、

$$M_x''(0)=\sum_i x_i^2 p_i = E(X^2) \qquad (10\text{-}7)$$

となります。これと（10-6）式を（1-5）式に代入すると分散が求められます。

■確率母関数とモーメント母関数の関係

こうして見ると確率母関数とモーメント母関数がほとんど同じものであることがわかります。z^{x_i}をzで微分すると

$$\frac{d}{dz}z^{x_i}=x_i z^{x_i-1} \quad や \quad \frac{d^2}{dz^2}z^{x_i}=x_i(x_i-1)z^{x_i-2}$$

という関係が成り立ちます。これらに$z=1$を代入して得られる

$$x_i z^{x_i-1}\to x_i \quad や \quad x_i(x_i-1)z^{x_i-2}\to x_i^2-x_i$$

の関係を利用するのが確率母関数です。

一方、e^{tx_i}をtで微分すると

$$\frac{d}{dt}e^{tx_i}=x_i e^{tx_i} \quad や \quad \frac{d^2}{dt^2}e^{tx_i}=x_i^2 e^{tx_i}$$

という関係が成り立ちますが、これらに$t=0$を代入して得られる

$$x_i e^{tx_i}\to x_i \quad や \quad x_i^2 e^{tx_i}\to x_i^2$$

の関係を利用するのが、モーメント母関数です。どちら

も、x_iやx_i^2の項を導き出したいわけです。(10-2) 式や(10-4) 式、(10-6) 式、(10-7) 式を見れば、このx_iやx_i^2が平均や分散を導くことがわかります。

確率・統計学の参考書や教科書では、離散的な確率変数には確率母関数を使い、連続的な確率変数にはモーメント母関数を使う場合が多いようです。次に、連続的な確率変数にも使えるモーメント母関数を見てみましょう。

■連続的な確率変数のモーメント母関数

離散的な確率変数のモーメント母関数は、(10-5) 式でしたが、連続的な確率変数は、これを次式のように積分に替えただけです。

$$M_x(t) = \int_{-\infty}^{\infty} e^{tx} f(x)\,dx \qquad (10\text{-}8)$$

ここで$f(x)$は確率密度関数です。このように連続的な確率変数のモーメント母関数は簡単な形をしています。これはまた、期待値の定義から

$$= E(e^{tX})$$

と書くこともできます。

離散的な場合と同様に、(10-8) 式を微分して$t=0$を代入すると期待値が得られます。計算してみましょう。

$$M_x'(0) \equiv \left[\frac{d}{dt} M_x(t)\right]_{t=0}$$

$$=\left[\int_{-\infty}^{\infty}\frac{d}{dt}e^{tx}f(x)dx\right]_{t=0}=\left[\int_{-\infty}^{\infty}\frac{d(tx)}{dt}\frac{d}{d(tx)}e^{tx}f(x)dx\right]_{t=0}$$

$$=\left[\int_{-\infty}^{\infty}xe^{tx}f(x)dx\right]_{t=0}=\int_{-\infty}^{\infty}xf(x)dx$$

$$=\mu$$

このように期待値が得られます。

次にモーメント母関数を2回微分して、$t=0$を代入してみましょう。

$$M_x''(0)\equiv\left[\frac{d}{dt}M'(t)\right]_{t=0}=\left[\frac{d}{dt}\int_{-\infty}^{\infty}xe^{tx}f(x)dx\right]_{t=0}$$

$$=\left[\int_{-\infty}^{\infty}x\frac{d}{dt}e^{tx}f(x)dx\right]_{t=0}=\left[\int_{-\infty}^{\infty}x^2e^{tx}f(x)dx\right]_{t=0}$$

$$=\int_{-\infty}^{\infty}x^2f(x)dx=E(X^2)$$

となります。

モーメント母関数はこのように連続的な確率変数でも同じように扱えます。

■正規分布のモーメント母関数

モーメント母関数から平均と分散を導けるということを理解しました。ここでは、分布の女王である正規分布のモーメント母関数を求めてみましょう。正規分布は（4-11）式の

$$N(\mu,\ \sigma^2)=\frac{1}{\sqrt{2\pi}\,\sigma}e^{-\frac{(x-\mu)^2}{2\sigma^2}}$$

です。モーメント母関数を表す（10-8）式にこれを代入すると、

$$M_x(t)=\int_{-\infty}^{\infty}e^{tx}N(\mu,\ \sigma^2)dx$$
$$=\frac{1}{\sqrt{2\pi}\,\sigma}\int_{-\infty}^{\infty}e^{tx-\frac{(x-\mu)^2}{2\sigma^2}}dx$$

となります。この積分を解くために、新しい変数yを使って変数変換

$$y\equiv\frac{x-\mu}{\sigma}-\sigma t\quad\therefore x=\mu+\sigma y+\sigma^2 t,\quad\frac{dy}{dx}=\frac{1}{\sigma}$$

を行います。すると、

$$M_x(t)=\frac{1}{\sqrt{2\pi}}\int_{-\infty}^{\infty}e^{\mu t+\sigma yt+\sigma^2t^2-\frac{(y+\sigma t)^2}{2}}dy$$
$$=\frac{1}{\sqrt{2\pi}}\int_{-\infty}^{\infty}e^{\mu t+\frac{1}{2}\sigma^2t^2-\frac{y^2}{2}}dy$$
$$=\frac{1}{\sqrt{2\pi}}e^{\mu t+\frac{1}{2}\sigma^2t^2}\int_{-\infty}^{\infty}e^{-\frac{y^2}{2}}dy$$

となります。この積分は$y\equiv\sqrt{2}\,z$の変数変換を行えば、ガウス積分に変わります$\left(\therefore\frac{dy}{dz}=\sqrt{2}\right)$。よって、

$$= \frac{1}{\sqrt{\pi}} e^{\mu t + \frac{1}{2}\sigma^2 t^2} \int_{-\infty}^{\infty} e^{-z^2} dz = e^{\mu t + \frac{1}{2}\sigma^2 t^2} \qquad (10\text{-}9)$$

となります。

この式は覚えておくとなかなか役に立ちます。指数関数の肩の項は、tにかかっているのが平均μで、$\frac{1}{2}t^2$にかかっているのが分散σ^2です。

モーメント母関数と分布の間には重要な関係があります。分布によってはモーメント母関数が存在しないのですが、モーメント母関数が存在する場合には、

分布とモーメント母関数は1対1に対応

します。したがって、この対応関係を覚えておけば、「モーメント母関数を見れば、どの分布かがわかる」ということになります。

■χ^2分布のモーメント母関数

χ^2分布のモーメント母関数も求めてみましょう。(8-9)式を（10-8）式に代入すると、

$$M_x(t) = \int_0^{\infty} e^{tx} \frac{1}{\Gamma\left(\frac{n}{2}\right) 2^{\frac{n}{2}}} x^{\frac{n}{2}-1} e^{-\frac{x}{2}} dx$$

$$= \frac{1}{\Gamma\left(\frac{n}{2}\right) 2^{\frac{n}{2}}} \int_0^{\infty} x^{\frac{n}{2}-1} e^{-\frac{x}{2}(1-2t)} dx$$

です。指数関数の積分を簡単にするために、変数変換

$$y \equiv \frac{x}{2}(1-2t) \qquad \left(\therefore \frac{dy}{dx}=\frac{1}{2}(1-2t),\ \ x=\frac{2y}{1-2t}\right)$$

を行います。すると、

$$=\frac{2}{1-2t}\cdot\left(\frac{2}{1-2t}\right)^{\frac{n}{2}-1}\frac{1}{\Gamma\left(\frac{n}{2}\right)2^{\frac{n}{2}}}\int_0^{\infty} y^{\frac{n}{2}-1}e^{-y}dy$$

$$=\frac{1}{(1-2t)^{\frac{n}{2}}}\frac{1}{\Gamma\left(\frac{n}{2}\right)}\int_0^{\infty} y^{\frac{n}{2}-1}e^{-y}dy$$

となります。この積分は（8-1）式よりガンマ関数$\Gamma\left(\frac{n}{2}\right)$と等しいことがわかるので、

$$=(1-2t)^{-\frac{n}{2}} \qquad (10\text{-}10)$$

となります。これが、自由度nのχ^2分布のモーメント母関数です。

■2つの正規分布の平均の差のモーメント母関数

第7章の二標本問題の節で「2つの正規分布の差もまた正規分布に従う」と述べましたが、それをモーメント母関数を使って証明してみましょう。まず、正規分布$N(\mu_1,\ \sigma_1)$と$N(\mu_2,\ \sigma_2)$に従う独立な確率変数をX_1とX_2とします。この2つの正規分布のモーメント母関数は、（10-9）式よりそれぞれ次の2つの式で表されます。

$$M_{X_1}(t)=E(e^{tX_1})=e^{\mu_1 t+\frac{1}{2}\sigma_1{}^2t^2} \qquad (10\text{-}11)$$

$$M_{X_2}(t)=E(e^{tX_2})=e^{\mu_2 t+\frac{1}{2}\sigma_2{}^2t^2} \qquad (10\text{-}12)$$

また、(10-12) 式の指数関数の肩をマイナスに変えると

$$E(e^{-tX_2})=e^{-\mu_2 t+\frac{1}{2}\sigma_2{}^2t^2} \qquad (10\text{-}13)$$

となることは、(10-9) 式の導出と同様にして導けます。

確率変数X_1とX_2の差として定義される新たな確率変数X_1-X_2のモーメント母関数は (10-8) 式のモーメント母関数の定義により

$$M_{X_1-X_2}(t)=E(e^{t(X_1-X_2)})=E(e^{tX_1}e^{-tX_2})$$

となります。確率変数X_1とX_2が独立な場合は、(2-6) 式の共分散がゼロになるので、この期待値は次式のように2つの期待値の積に分解できます。

$$=E(e^{tX_1})E(e^{-tX_2}) \qquad (10\text{-}14)$$

これに (10-11) 式と (10-13) 式を代入すると

$$=e^{\mu_1 t+\frac{1}{2}\sigma_1{}^2t^2}e^{-\mu_2 t+\frac{1}{2}\sigma_2{}^2t^2}=e^{(\mu_1-\mu_2)t+\frac{1}{2}(\sigma_1{}^2+\sigma_2{}^2)t^2}$$

となります。(10-9) 式で見たように、指数の肩の項は、tにかかっているのが平均で、$\frac{1}{2}t^2$にかかっているのが分散です。よって、上式の右辺のモーメント母関数は、正規分布$N(\mu_1-\mu_2,\ \sigma_1{}^2+\sigma_2{}^2)$に対応することがわかります。これ

で2つの正規分布の差もまた正規分布に従うことが証明できました。

■独立な確率変数の和のモーメント母関数＝それぞれのモーメント母関数の積

モーメント母関数の持つ面白くて役に立つ性質として、「独立な確率変数X_1とX_2の和X_1+X_2のモーメント母関数$M_{X_1+X_2}(t)$は、それぞれのモーメント母関数の積$M_{X_1}(t)M_{X_2}(t)$に等しい」という関係があります。これは、式で書くと、

$$M_{X_1+X_2}(t)=M_{X_1}(t)M_{X_2}(t)$$

です。

前節で、(10-14) 式を導きましたが、同様にして、

$$M_{X_1+X_2}(t)=E(e^{tX_1})E(e^{tX_2})$$

が導けます。右辺は、(10-8) 式のモーメント母関数の定義により、

$$=M_{X_1}(t)M_{X_2}(t) \qquad (10\text{-}15)$$

となります。この関係もなかなか役に立つので覚えておくと便利です。

■モーメント母関数はなかなか役に立つ

本書では最後の章にモーメント母関数を登場させました。モーメント母関数をどこに登場させるかは、執筆者に

とって悩ましい問題です。というのは、このモーメント母関数はなかなか役に立つ関数なので、本の前半に登場させれば、それ以後は、モーメント母関数を活躍させて数学上の話をかなりすっきり書くことができます。一方で、モーメント母関数は、数学的には少しレベルが高くなるので、そこで躓く読者の割合も増えると予想されます。本来ならこういうときこそ何らかの統計調査を行って、本の中のどこにモーメント母関数を置くかを決めるべきなのでしょうが、あいにくそういう統計調査は皆無です。本書では、読者の理解度を上げることを第一の目的としているので、モーメント母関数の話は最後に持ってきました。興味のある方は専門書でモーメント母関数を使った理解に挑戦してみて下さい。

さて、統計学をすぐに現場で使いたいという方には、本書のここまでの知識がかなりのお役に立つことでしょう。紙数の制約で内容は限定されてはいますが、ここまで読破された読者の頭の中には、確率統計学の骨格がしっかりと組みあがっていることと思います。また、さらに勉強を進めたい方は、統計学の専門書を開けば、何がまだ未修得であるかを容易に判断できるので、スムーズに次のステップに進めることでしょう。それでは統計学の知識の実践のための一歩を進めて下さい。

おわりに

統計学を学ぶ以前に抱いていた統計学のイメージと実際に学んだあとのイメージに違いはあったでしょうか。筆者が統計学を学んだときに驚いたのは、要求される数学のレベルが意外に高いことでした。本書でも、中盤以降の内容については、難度と紙数の関係から数学的な導出を割愛するか付録にまわす箇所が増えています。数学のレベルが高くなるほど統計学の理解者が減るものと予想できますが、本書ではできうる限り読者がストーリーの展開を追えるように努力しました。

統計学は社会との関わりが極めて強く、例えば視聴率、出生数、医師の数、厚生年金の受給者数、GDP、黒字額など様々な統計データがニュースに登場します。しかし、少子化や人口の高齢化、それに莫大な財政赤字などへの政府の対応や国民の反応を見ていると、「統計への理解」が日本全体として少し低いのではないかと危惧されます。現代社会では、統計学を理解できる人が1人でも多く求められていると言ってよいでしょう。

その中で、本書を手にとって統計学の基本的な知識を身に付けた方々が1人でも増えることは、筆者にとっては大きな喜びです。読者の中から、統計学の知識をもとにして、新たな視点で世界を眺め、社会を改善される方が登場することを期待しています。

本書もまた講談社の梓沢修氏にお世話になりました。ここに謝意を表します。

■第４章　ガウス積分の公式の証明

ガウス積分の求め方は、次のように変数が異なる2つのガウス積分を考えることから始めます。

$$\int_{-\infty}^{\infty} e^{-ax^2}dx = \int_{-\infty}^{\infty} e^{-ay^2}dy \qquad \text{(付-1)}$$

この2つは、変数が異なるだけで、積分範囲や関数の形が同じなので、積分の結果も同じです、なので、このように等号が成り立ちます。

次に、この2つをかけた積分を考えることにしましょう。すると、

$$\int_{-\infty}^{\infty} e^{-ax^2}dx \int_{-\infty}^{\infty} e^{-ay^2}dy = \int_{-\infty}^{\infty}\int_{-\infty}^{\infty} e^{-ax^2}e^{-ay^2}dxdy$$
$$= \int_{-\infty}^{\infty}\int_{-\infty}^{\infty} e^{-a\left(x^2+y^2\right)}dxdy$$

となります。このxとyは独立な変数です。つまり、お互いに無関係な変数です。このxとyを、付-1図のように直交座標系にとることにしましょう。こうしても、お互いが独立であるという条件は満たされています。

この座標系を使うと、この積分は簡単になります。付-1図のように、角度θと原点からの距離rで、座標点（x, y）

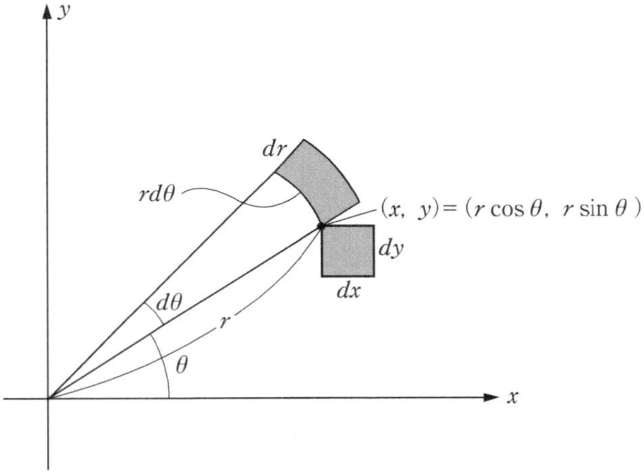

付-1図　直交座標と極座標

を表すことができます。そこで座標変換をしましょう。

この積分は、直交座標系の微小な面積$dxdy$を、xの$-\infty$から∞までと、yの$-\infty$から∞まで積分するものです。これは、極座標系では、微小な面積$rd\theta dr$をrはゼロから∞まで、θはゼロから2πまで、積分したものと同じです。なので、

$$= \int_0^{2\pi} \int_0^{\infty} e^{-a(x^2+y^2)} r dr d\theta$$

となります。さらに、$r^2 = x^2 + y^2$なので、

$$=\int_0^{\infty}\int_0^{2\pi}e^{-ar^2}rdrd\theta=\int_0^{2\pi}d\theta\int_0^{\infty}e^{-ar^2}rdr$$

$$=2\pi\int_0^{\infty}e^{-ar^2}rdr=\frac{-2\pi}{2a}\left[e^{-ar^2}\right]_0^{\infty}=\frac{\pi}{a}$$

となります。極座標にしたことで、最後の積分が簡単に解けたわけです。

これで、

$$\int_{-\infty}^{\infty}e^{-ax^2}dx\int_{-\infty}^{\infty}e^{-ay^2}dy=\frac{\pi}{a}$$

であることがわかったので、(付-1) 式より、

$$\int_{-\infty}^{\infty}e^{-ax^2}dx=\sqrt{\frac{\pi}{a}}$$

となります。これで証明終わりです。

■第4章　部分積分の公式

$$\int_a^b f(x)g'(x)dx=[f(x)g(x)]-\int_a^b f'(x)g(x)dx$$

■第4章　$\lim_{u\to\infty}e^{-\frac{u^2}{2a}}u=\lim_{u\to\infty}\frac{u}{e^{\frac{u^2}{2a}}}=0$について

この証明には、大学の微積分学で習うロピタルの定理を使います。ロピタルの定理は、関数$f(x)$と$g(x)$があり、

$$\lim_{x\to\infty} f(x) = \lim_{x\to\infty} g(x) = \infty$$

が成り立つとき、

$$\lim_{x\to\infty}\frac{f(x)}{g(x)} = \lim_{x\to\infty}\frac{f'(x)}{g'(x)}$$

が成り立つというものです。

この定理を使うと

$$\lim_{u\to\infty}\frac{u}{e^{\frac{u^2}{2a}}} = \lim_{u\to\infty}\frac{\frac{du}{du}}{\frac{d}{du}e^{\frac{u^2}{2a}}}$$

$$= \lim_{u\to\infty}\frac{1}{\frac{2u}{2a}e^{\frac{u^2}{2a}}} = \lim_{u\to\infty}\frac{a}{ue^{\frac{u^2}{2a}}} = 0$$

となります。$\lim\limits_{u\to-\infty}$ も同様にゼロになります。

■第５章　組み合わせ（コンビネーション）の導出

まず、n個の物体の並べ替えについて考えます。例えば、1から3まで番号をふったボールを考えることにしましょう。これを左から右に並べると

123　132　231　213　312　321

の6通りがあります。これを書き換えると左には1,2,3の3通りなので次のようになります。

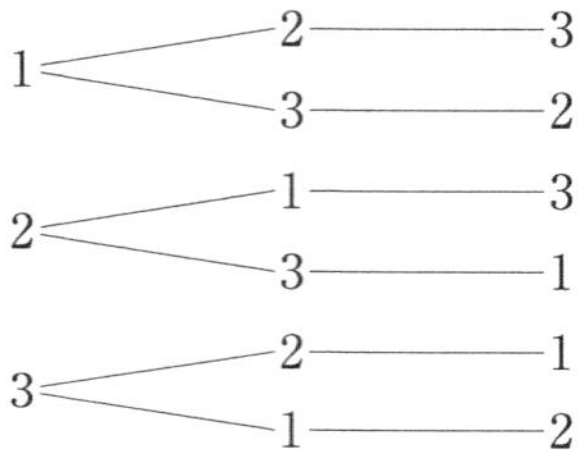

いちばん左は1，2，3の3通りに対して、真ん中の数には2通りがあります。例えば、いちばん左が1だと真ん中は2か3の2通りです。左と真ん中が決まると、右は自動的に1つに決まります。例えば、最上段の例だと、左から順に1,2と決まると、右は3しかありえません。ということで、左から、

3通り × 2通り × 1通り

となり、これは3の階乗と等しいわけです。

$$3! = 3 \times 2 \times 1 = 6$$

この場合は、6通りになります。

これはnが3以外のときも同じで、n個の数字の並べ方は

$$n!$$

になります。この並べ方を**順列**と呼びます。

次に順列と組み合わせの関係を見ましょう。3個から2個を選ぶ場合を考えましょう。まず、1個目の選び方は、

1, 2, 3の3通りです。2個目の選び方は、1個目に何を選んでいるかによるので、まとめると次のようになります。

1個目	1	1	2	2	3	3
2個目	2	3	1	3	1	2

順列の場合の数は、

$$3 \times 2 = 3!$$

です。

このうち、1個目が1で2個目が2であるものと、1個目が2で2個目が1であるものは順列としては異なりますが、3個から2個を選ぶという組み合わせとしては同じものです。同様に、1個目が1で2個目が3であるものと、1個目が3で2個目が1であるものなども重複しているので、

$$2!$$

で先ほどの順列の場合の数の$3!$を割ったものが、組み合わせになります。よって、

$$\frac{3!}{2!} = 3$$

となります。

同様にして、5個から2個を選ぶ場合なども考えてみましょう。5個から2個を選ぶ場合は、選ぶもの2個と選ばないもの3個に分けることになります。この場合は、$5!$を$2!$だけでなく$3!$でも割る必要があります。というわけで

組み合わせは

$$ {}_5C_2 = \frac{5!}{3!2!} = \frac{5\times4\times3\times2\times1}{3\times2\times1\times2\times1} = 10 $$

になります。

n個からk個を選ぶ場合の組み合わせは

$$ {}_nC_k = \frac{n!}{(n-k)!k!} $$

となります。

■第5章　指数関数のテイラー展開

指数関数のテイラー展開を導いてみましょう。まず、指数関数が次式の右辺のように多項式と等しいと仮定します。

$$ e^x = a + bx + cx^2 + dx^3 + \cdots \qquad (付\text{-}2) $$

この式に$x=0$を代入すると、係数aが求まります。やってみましょう。

$$ e^0 = 1 = a $$

となり、$a=1$であることがわかります。次に（付-2）式の両辺をxで微分します。すると、

$$ e^x = b + 2cx + 3dx^2 + \cdots \qquad (付\text{-}3) $$

となります。これに$x=0$を代入すると、

$$e^0 = 1 = b$$

となって係数bが求められます。次に（付 -3）式をさらにxで微分します。すると、

$$e^x = 2c + 6dx + \cdots$$

となり、これに$x = 0$を代入すると、

$$e^0 = 1 = 2c$$

となり、係数cが求められます。以下同様に微分して$x = 0$を代入することを繰り返すと、

$$\begin{aligned} e^x &= 1 + x + \frac{x^2}{2} + \frac{x^3}{6} + \cdots \\ &= 1 + \frac{x}{1!} + \frac{x^2}{2!} + \frac{x^3}{3!} + \cdots = \sum_{i=0}^{\infty} \frac{1}{i!} x^i \end{aligned}$$

が求められます。これが指数関数のテイラー展開です。

■第6章　実測値との関係

標本の期待値も母集団の期待値と同じく（1-2）式で表されます。これは「標本1個を取り出して測ると、平均でどういう値が出ると期待できるか」という量です。実測値を含む数式を使って表現すると、標本1個の1回の実測値をx_j'とし、それをm回測定するとして

$$E(X)\equiv\sum_i x_i p_i=\lim_{m\to\infty}\frac{1}{m}\sum_{j=1}^{m}x_j'$$

という量です。mはこのように無限に大きいと考えればよいでしょう。

標本の確率変数の分散も母集団と同じく（1-4）式で表されます。これは、標本1個を1回だけ測った分散値ではなく、「標本1個を取り出して分散を測ると、平均でどういう値が出るか」という量で、同様に実測値を含む数式で書くと

$$V(X)=\sum_i(x_i-\mu)^2 p_i=\lim_{m\to\infty}\frac{1}{m}\sum_{j=1}^{m}(x_j'-\mu)^2$$

となります。

■第8章　$\lim_{t\to\infty}(e^{-t}t^{k-1})=0$について

この証明もロピタルの定理を使います。ロピタルの定理を繰り返して使うと

$$\lim_{t\to\infty}\frac{t^{k-1}}{e^t}=\lim_{t\to\infty}\frac{\frac{d}{dt}t^{k-1}}{\frac{d}{dt}e^t}=\lim_{t\to\infty}(k-1)\frac{t^{k-2}}{e^t}$$

$$=\lim_{t\to\infty}(k-1)(k-2)\cdots\cdot 2\cdot 1\cdot\frac{1}{e^t}=0$$

となります。

■第8章　(8-13) 式が自由度$n-1$のχ^2分布に従うことの証明

この証明には、第10章のモーメント母関数の知識が必要です。まず、確率変数X_iに関して以下のような式変形を行います。

$$\sum_{i=1}^{n}(X_i-\mu)^2=\sum_{i=1}^{n}\{(X_i-\overline{X})+(\overline{X}-\mu)\}^2$$
$$=\sum_{i=1}^{n}\{(X_i-\overline{X})^2+2(X_i-\overline{X})(\overline{X}-\mu)+(\overline{X}-\mu)^2\}$$

カッコの中の第2項はゼロになって消えます。よって、

$$=\sum_{i=1}^{n}(X_i-\overline{X})^2+n(\overline{X}-\mu)^2$$

となります。両辺をσ^2で割って (8-13) 式を使うと

$$\sum_{i=1}^{n}\left(\frac{X_i-\mu}{\sigma}\right)^2=\frac{(n-1)s^2}{\sigma^2}+\left(\frac{\overline{X}-\mu}{\frac{\sigma}{\sqrt{n}}}\right)^2$$

となります。左辺は (8-10) 式と同じなので自由度nのχ^2分布に従い、右辺の第2項は自由度1のχ^2分布に従います。本書では割愛しますが、s^2と$\overline{X}$は独立な確率変数であることが証明できます。したがって、(10-15) 式の関係が使えます。よって、ガンマ関数のモーメント母関数は (10-10) 式なので、

$$(1-2t)^{-\frac{n}{2}}=E\left(e^{t\frac{(n-1)s^2}{\sigma^2}}\right)\cdot(1-2t)^{-\frac{1}{2}}$$

となります。これを変形すると

$$E\left(e^{t\frac{(n-1)s^2}{\sigma^2}}\right)=(1-2t)^{-\frac{n-1}{2}}$$

となります。この右辺は、自由度$n-1$のχ^2分布を表すモーメント母関数なので、これは、左辺の確率変数$\frac{(n-1)s^2}{\sigma^2}$が自由度$n-1$の$\chi^2$分布に従うことを表しています。

■第９章　t分布の導出

t分布を導いてみましょう。(9-1) 式

$$t=\frac{\overline{X}-\mu}{\frac{s}{\sqrt{n}}}$$

を変形してみると

$$t=\frac{\overline{X}-\mu}{\frac{s}{\sqrt{n}}}=\frac{\overline{X}-\mu}{\frac{\sigma}{\sqrt{n}}}\times\frac{\sigma}{s}$$

$$=\frac{\overline{X}-\mu}{\frac{\sigma}{\sqrt{n}}}\times\sqrt{\frac{\sigma^2(n-1)}{s^2(n-1)}}=\frac{\frac{\overline{X}-\mu}{\frac{\sigma}{\sqrt{n}}}}{\sqrt{\frac{s^2(n-1)}{\sigma^2(n-1)}}}$$

$$=\frac{\dfrac{\overline{X}-\mu}{\dfrac{\sigma}{\sqrt{n}}}}{\sqrt{\dfrac{s^2(n-1)}{\sigma^2}}}\times\sqrt{n-1} \qquad (付\text{-}4)$$

となります。この式の分子は、標本平均$\overline{X}$を標準化した変数であり、標準正規分布$N(0, 1)$に従います。一方、分母のルートの中身は、(8-13) 式と同じなので、自由度$n-1$のχ^2分布に従います。つまり、

- ・分子は標準正規分布に従い、
- ・分母はχ^2分布に従う

わけです。これを頭に入れておきましょう。

続いて、それぞれを次のように確率変数X_1とX_2で表すことにしましょう。

$$X_1 \equiv \frac{\overline{X}-\mu}{\dfrac{\sigma}{\sqrt{n}}} \qquad X_2 \equiv \frac{s^2(n-1)}{\sigma^2} \qquad (付\text{-}5)$$

2つ目の式は、分子と分母にともに2乗の項があり、自由度は1以上の値をとるので、0か正の値しかとらないことがわかります。

自由度を$m \equiv n-1$で置き換えても一般性を失わないので、(付-4) 式は、これらの変数を使って

$$
\text{（付-4）式} = \frac{X_1}{\sqrt{\dfrac{X_2}{m}}} \qquad \text{（付-6）}
$$

と書き換えられます。

ここで、2つの確率変数X_1とX_2は独立であることを証明できるのですが、この証明は割愛します。独立な2つの確率変数X_1とX_2のそれぞれの確率密度関数を$f(x_1)$と$f(x_2)$とすると、その両者が同時に関わる確率密度関数$f(x_1, x_2)$は、それぞれの確率密度関数のかけ算になります。式で書くと

$$
f(x_1, x_2) = f(x_1)\, f(x_2)
$$

です（独立でない場合は、このような簡単なかけ算にはなりません）。

よって、その確率を積分も使って書くと、標準正規分布とχ^2分布のかけ算となって、

$$
\int_c^d \int_a^b f(x_1, x_2)dx_1 dx_2 = \int_c^d \int_a^b \frac{1}{\sqrt{2\pi}} \cdot \frac{1}{\Gamma\left(\dfrac{m}{2}\right) 2^{\frac{m}{2}}} x_2^{\frac{m}{2}-1} e^{-\frac{1}{2}(x_1^2 + x_2)} dx_1 dx_2 \qquad \text{（付-7）}
$$

となります。このとき、2つの変数x_1とx_2の積分範囲は、それぞれaからbとcからdであるとしました。

ここで（付-6）式に対応する新しい変数tを導入しましょう。

$$t \equiv \frac{x_1}{\sqrt{\dfrac{x_2}{m}}} \qquad \text{（付-8）}$$

また、x_2もyという変数に置き換えることにします。

$$y \equiv x_2 \qquad \text{（付-9）}$$

これらの変数変換を（付-7）式に施します。このとき、2つの変数tとyの積分範囲は、それぞれt_1からt_2とy_1からy_2であるとします。すると、

$$\text{（付-7）式} = \int_{t_1}^{t_2} \int_{y_1}^{y_2} f(x_1,\ x_2) | J | dydt \qquad \text{（付-10）}$$

となります。ここで、Jはヤコビアンと呼ばれ、積分変数が複数ある場合に、その変数変換の際に必要とされるもので、次式で表されます。

$$J \equiv \begin{vmatrix} \dfrac{\partial x_1}{\partial t} & \dfrac{\partial x_1}{\partial y} \\ \dfrac{\partial x_2}{\partial t} & \dfrac{\partial x_2}{\partial y} \end{vmatrix}$$

（付-10）式の二重積分のうちの

$$F(t) \equiv \int_{y_1}^{y_2} f(x_1,\ x_2) | J | dy = \int_0^{\infty} g(t,\ y) dy \qquad \text{（付-11）}$$

が新しい変数tの確率密度関数（すなわちt分布の確率密

度関数）になります。y_1からy_2の積分範囲は、とりうるすべての範囲を積分します。（付-5）式から$y \equiv x_2$は0か正の値しかとらないことがわかるのでこの積分範囲は0から∞になります。なお、ここで

$$g(t,\ y) \equiv f(x_1,\ x_2)|J| \qquad \text{（付-12）}$$

と定義しています。

これを計算してみましょう。（付-8）式と（付-9）式から、x_1とx_2を求めると、

$$x_1 = t\sqrt{\frac{y}{m}}, \qquad x_2 = y$$

となります。これを（付-7）式に代入します。ヤコビアンは、

$$J = \begin{vmatrix} \sqrt{\dfrac{y}{m}} & \dfrac{t}{2\sqrt{my}} \\ 0 & 1 \end{vmatrix} = \sqrt{\frac{y}{m}}$$

なので、（付-12）式より$g(t, y)$は

$$g(t,\ y) = \frac{1}{\sqrt{2m\pi}} \cdot \frac{1}{\Gamma\left(\dfrac{m}{2}\right)2^{\frac{m}{2}}} y^{\frac{m+1}{2}-1} e^{-\frac{1}{2}\left(1+\frac{t^2}{m}\right)y}$$

となります。

確率密度関数$F(t)$は、（付-11）式から、この$g(t, y)$をyについて0から∞まで積分したものなので

$$F(t)=\frac{1}{\sqrt{2m\pi}}\cdot\frac{1}{\Gamma\left(\frac{m}{2}\right)2^{\frac{m}{2}}}\int_0^{\infty}y^{\frac{m+1}{2}-1}e^{-\frac{1}{2}\left(1+\frac{t^2}{m}\right)y}dy$$

となります。この式の右辺の積分の計算のために、新しい変数$z\equiv\frac{1}{2}\left(1+\frac{t^2}{m}\right)y$を導入します。すると、積分の中の指数関数の肩の項が簡単になり、

$$g(t)=\frac{1}{\sqrt{m\pi}}\cdot\frac{1}{\Gamma\left(\frac{m}{2}\right)\left(1+\frac{t^2}{m}\right)^{\frac{m+1}{2}}}\int_0^{\infty}z^{\frac{m+1}{2}-1}e^{-z}dz$$

となります。この積分はガンマ関数$\Gamma\left(\frac{m+1}{2}\right)$を表すので、

$$=\frac{1}{\sqrt{m\pi}}\cdot\frac{\Gamma\left(\frac{m+1}{2}\right)}{\Gamma\left(\frac{m}{2}\right)}\left(1+\frac{t^2}{m}\right)^{-\frac{m+1}{2}}$$

となります。これで自由度mのt分布の確率密度関数である（9-2）式が求められました。

参考資料・文献

『数理統計学入門』高松俊朗著、学術図書出版社

『統計学入門』東京大学教養学部統計学教室編、東京大学出版会

『すぐわかる確率・統計』石村園子著、東京図書

『統計学を拓いた異才たち』デイヴィッド・サルツブルグ著、竹内惠行 熊谷悦生訳、日経ビジネス人文庫

『数学者列伝I』I.ジェイムズ著、蟹江幸博訳、シュプリンガー・フェアラーク東京

『数学者列伝II』I.ジェイムズ著、蟹江幸博訳、シュプリンガー・ジャパン株式会社

ICRP Publication 99 “Low-Dose Extrapolation of Radiation Related Cancer Risk” (2005).

『帝国以後』エマニュエル・トッド著、石崎晴己訳、藤原書店

『知識社会と大学経営』山本眞一著、ジアース教育新社

『転換期の高等教育』山本眞一著、ジアース教育新社

厚生労働省平成22年人口動態統計月報年計（概数）の概況　http://www.mhlw.go.jp/toukei/saikin/hw/jinkou/geppo/nengai10/index.html

Peter Duren, “Changing Faces: The Mistaken Portrait of Legendre”. Notices of the American Mathematical Society, 56 (11):p. 1440–1443, 1455 (2009).

『情熱と経済物理学とポピュラーサイエンス編集者』久保田創、日本物理学会誌　Vol.66, No.1, p.60（2011）

さくいん

【た行】

【な行】

【は行】

【ま行】

【や行】

【ら行】

【わ行】

N.D.C.417　254p　18cm

ブルーバックス　B-1757

高校数学《こうこうすうがく》でわかる統計学《とうけいがく》

本格的に理解するために

2012年 2 月20日　第 1 刷発行
2024年 5 月10日　第10刷発行

著者　竹内《たけうち》　淳《あつし》
発行者　森田浩章
発行所　株式会社講談社
〒112-8001 東京都文京区音羽2-12-21
電話　出版　03-5395-3524
販売　03-5395-4415
業務　03-5395-3615
印刷所　（本文表紙印刷）株式会社ＫＰＳプロダクツ
（カバー印刷）信毎書籍印刷株式会社
本文データ制作　講談社デジタル製作
製本所　株式会社ＫＰＳプロダクツ

定価はカバーに表示してあります。
©竹内　淳　2012，Printed in Japan
落丁本・乱丁本は購入書店名を明記のうえ、小社業務宛にお送りください。送料小社負担にてお取替えします。なお、この本についてのお問い合わせは、ブルーバックス宛にお願いいたします。
本書のコピー、スキャン、デジタル化等の無断複製は著作権法上での例外を除き禁じられています。本書を代行業者等の第三者に依頼してスキャンやデジタル化することはたとえ個人や家庭内の利用でも著作権法違反です。
Ⓡ〈日本複製権センター委託出版物〉複写を希望される場合は、日本複製権センター（電話03-6809-1281）にご連絡ください。

ISBN978−4−06−257757−1

発刊のことば

科学をあなたのポケットに

二十世紀最大の特色は、それが科学時代であるということです。科学は日に日に進歩を続け、止まるところを知りません。ひと昔前の夢物語もどんどん現実化しており、今やわれわれの生活のすべてが、科学によってゆり動かされているといっても過言ではないでしょう。

そのような背景を考えれば、学者や学生はもちろん、産業人も、セールスマンも、ジャーナリストも、家庭の主婦も、みんなが科学を知らなければ、時代の流れに逆らうことになるでしょう。

ブルーバックス発刊の意義と必然性はそこにあります。このシリーズは、読む人に科学的に物を考える習慣と、科学的に物を見る目を養っていただくことを最大の目標にしています。そのためには、単に原理や法則の解説に終始するのではなくて、政治や経済など、社会科学や人文科学にも関連させて、広い視野から問題を追究していきます。科学はむずかしいという先入観を改める表現と構成、それも類書にないブルーバックスの特色であると信じます。

一九六三年九月　野間省一